工匠精神
培育理论与实践

戴欣平◎著

科学出版社

北京

内 容 简 介

本书针对目前职业教育中工匠精神培育要素与要求进行系统阐述，包括工匠精神的内涵、发展及世界范围内的工匠精神典型案例等内容。作者根据所在学校工匠精神培育的实际与经验，提出工匠精神培育的理论依据、实施模式，提供一系列可付诸实施的具体措施，并提供大量的管理制度、量化考核办法、实施流程等实施层面的具体材料，为工匠精神培育提供具体的操作示范。

本书可作为职业院校、应用型本科院校工匠精神培育的学习用书，也可供企业培训管理人员、职业教育研究人员参考。

图书在版编目(CIP)数据

工匠精神培育理论与实践/戴欣平著. —北京：科学出版社，2025.1
ISBN 978-7-03-077202-2

Ⅰ. ①工… Ⅱ. ①戴… Ⅲ. ①职业道德-研究-中国 Ⅳ. ①B822.9

中国国家版本馆 CIP 数据核字（2023）第 243944 号

责任编辑：张振华 / 责任校对：马英菊
责任印制：吕春珉 / 封面设计：东方人华平面设计部

科 学 出 版 社 出版
北京东黄城根北街 16 号
邮政编码：100717
http://www.sciencep.com
三河市骏杰印刷有限公司印刷
科学出版社发行 各地新华书店经销
*
2025 年 1 月第 一 版 开本：787×1092 1/16
2025 年 1 月第一次印刷 印张：11 1/2
字数：267 000
定价：68.00 元
（如有印装质量问题，我社负责调换）
销售部电话 010-62136230 编辑部电话 010-62135120-2005

前　　言

工匠精神亘古有之，人类的文明进步，生产技术与生产方式的变革，都赋予了工匠精神更为丰富的内涵。弘扬工匠精神，是在新工业革命背景下，我国从"制造大国"向"制造强国"转变的需要，更是在新时代实现中国梦的需要。

工匠精神不仅仅体现在无形的思想和理念方面，更应表现在具体的行为习惯和工作成效上，它可以通过实质性的方式和方法进行有效的培育、浸润和养成。特别是对于面向生产一线培养技术技能人才的职业教育，应当在工匠精神的培育上拓展思路、寻找路径，构建工匠精神与技术技能同步提升的培育体系。

本书面对职业教育人才培养中工匠精神培育的现状与问题，从理论层面阐述工匠精神的定义、内涵、产生、发展历程和主要特征，以装备制造专业大类为研究对象，引用金华职业技术大学机电工程学院工匠精神培育的具体案例，阐述工匠精神培育的内容、载体、路径、方法及培育效果的考核方式，为职业院校工匠精神培育提供参考和借鉴。

本书由金华职业技术大学戴欣平撰写，浙江师范大学戴天宇负责内容调研、框架搭建及统稿，金华职业技术大学何应林、方敏、胡新华、娄珺负责案例与素材的整理及校对。

作者在撰写本书的过程中，借鉴并参考了一些文献和资料，在此向相关作者表示诚挚的谢意。

由于作者水平有限，采用的案例存在一定的局限性，书中难免存在不足，请各位读者批评指正。

作　者

2024 年 1 月

目　　录

第 1 章

工匠与工匠精神

观点精要 　工匠精神是工匠身上所体现出来的一种精神。尽管在不同的时代背景下，工匠承载的责任和义务不尽相同，但附着在工匠群体身上那种精益求精、专心敬业的精神内核是相通的，他们吃苦耐劳的品质是永远无法被取代的。工匠主要从事生产制造活动，即制造业领域是工匠的主要活动范围。随着社会的进步及产业的多元化发展，各行各业都需要提倡工匠精神，而且每个行业与岗位的工匠精神的内涵存在异同点，应从更加多元的视角去阐释工匠精神。

1.1　工　匠　概　述

1.1.1　工匠的定义

工匠，从字面上来看，就是工人、匠人的意思。《现代汉语词典》（第 7 版）中对它的解释是"手艺工人"。工匠专注于某一领域，针对这一领域的产品研发或加工过程全身心投入，精益求精、一丝不苟地完成整个工序的每个环节。现代高水平的工匠被称为"巧匠""哲匠""匠师"。

1.1.2　工匠的起源

我国目前最早的关于手工业的文献《考工记》（图 1-1）中对工匠的产生进行过阐述。该书认为，工匠是一个历史范畴，是社会发展到一定阶段的产物，在工匠所属行业产生之前，这一群体并未具有特殊的社会价值，其所有的"技""巧"也是每位社会成员所拥有的①。在社会上，手工业劳动者中那些"心灵手巧以成器物"的人，被称为"工""匠""工巧""巧匠"②。这几个词都是指有专门技艺的手工业劳动者，在古汉语中，它们是通用的。这几个词的含义有一个演化的过程："工"主要的含义是指有工艺技术的工业劳动者，与人们常说的"匠"是同义词，因此工匠又有"匠"与"匠人"的称呼；"匠"起初专指木工，"匠人"主要负责营建宫室城邑，先秦时期的"匠人"还包括修建沟洫等农业水利工程的建设者；进入封建社会以后，随着国家职能的完善，"工"与"匠"开始有了单独的户籍管理制度，它们从此合为一体③。

图 1-1　《考工记》

在我国古代，工匠起源于原始社会的氏族工业劳动者。在国家形成之前，氏族工业劳动者以氏族与家族组织的形式世袭族居。在国家形成的过程中，官方的手工业体系逐步形成，原有的氏族工业体系逐渐被打破，氏族工业中的劳动者也由此分化成官府百工与民间工匠两大类④，它们分别简称官匠和民匠。官匠是我国古代工匠的主体，他们集中到官府劳动，受到官府的严格管理，虽然衣食无忧，但缺少人身自由，而且社会地位比较低。民匠相对自由，他们的劳动成果主要用来跟别人交换

---

① 邹其昌.《考工记》与中华工匠文化体系之建构：中华工匠文化体系研究系列之三[J]. 武汉理工大学学报（社会科学版），2016，29（5）：997.

② 曹焕旭. 中国古代的工匠[M]. 北京：商务印书馆国际有限公司，1996：1.

③ 余同元. 中国传统工匠现代转型问题研究：以江南早期工业化过程中工匠技术转型与角色转换为中心（1520—1920）[D]. 上海：复旦大学，2005：25.

④ 余同元. 中国传统工匠现代转型问题研究：以江南早期工业化过程中工匠技术转型与角色转换为中心（1520—1920）[D]. 上海：复旦大学，2005：29-30.

生活物资。在唐朝中期以前，由于受到官府的严格管理，官匠和民匠的区别比较明显；但在明朝中期以后，可以通过交钱代替服"匠役"，并且后来官府取消了匠户制度，这两种工匠的区别不复存在。

在西方，"工匠"（artisan）一词的本义源自拉丁语中一种被称为"ars"的体力劳动，意为把某种东西"聚拢、捏合和进行塑型"，后来随着这种劳动形式的逐渐丰富才演变为"技能、技巧、技艺"（art）的意思；artisan 作为"工匠、手工艺人"的意思是通过 16 世纪法语"artisan"和意大利语"artigiano"的含义确定下来的，并从 17 世纪早期开始广泛使用起来①。在西方国家，随着工业化水平的提高和现代机器的出现，很多传统工匠都转变成了现代技术工人，但在一些行业，如钟表制造业，现在的工匠仍然是精雕细琢的传统手工艺人。

1.1.3　工匠的演变与发展

在现代，工匠是指具有专业技艺特长的劳动者，以现代机器为工具从事工业生产的普通工人、技术工人、技术专家和通过传统工具从事手工业生产的传统工匠同时存在，前者成为新时期工匠的主流，但他们也非常重视从传统工匠身上汲取精神力量，以更好地提高生产质量和生产效率。更有学者提出，工匠泛指一切劳动者，包括国家各级管理者、各领域科学家、技术人员、设计师、艺术家等，都属于工匠范畴，只要是在其本职工作中尽心尽责把事情做好的人就是工匠②。

1.2　工匠精神概述

1.2.1　工匠精神的定义

工匠精神是工匠身上体现出来的一种精神，是指社会、组织和个人所倡导的，通过敬业、专注、坚持、精益求精和创新，对产品、服务或工作精雕细琢，追求完美和极致的精神理念。工匠精神是职业道德、职业能力、职业品质的体现，是从业者的一种职业价值取向和行为表现③。

---

① 李宏伟，别应龙. 工匠精神的历史传承与当代培育[J]. 自然辩证法研究，2015，31（8）：55.
② 苏培. 从学术层面构建"工匠文化"体系[N]. 中国社会科学报，2017-05-08（2）.
③ 纪福波，潘广全. 论"工匠精神"[J]. 山东青年，2018（7）：176-177.

1.2.2 工匠精神的内涵

对工匠精神可从现实层和超越层两个层面来解析。现实层是指工匠精神的实际存在状态和事实，即它的本来意义。工匠精神的本质内在于工匠的特质、领域或工作环境中。超越层是指工匠精神已从其本位性的实体工匠创造活动延展至具有普遍性的方法论意义的层面。在这一超越性层面，工匠精神不再仅指具体的工匠活动领域，而是指一种人生价值信仰、生存方式、工作态度，也就是马克思所说的"一种人的本质力量的确认"境界[①]。

本书阐释的工匠精神是兼具本位性和超越性的群体性、集合性的概念，它不限定在某一特定群体和领域，也不是各种技术的概念集合，而是一种更高层次的、更具有传播性和继承性的精神理念。工匠精神的基本内涵和突出特征是爱岗敬业、精益求精、求实创新，围绕这一核心，工匠精神还具有其他丰富的内涵和意蕴。

1. 匠心

唐朝王士源的《孟浩然集序》中说："文不按古，匠心独妙。"匠心即巧妙的心思，包含细致、求精、尚美、善思、自尊、自强等个性特征，是成就精致作品的思想根基。只有追求完美、卓越，匠人才能执着坚守、心无旁骛地工作。他们对自己要求极其严格，能做到100%，绝对不会允许自己只做到99.99%，遇到挫折百折不挠，千方百计找到破解之术。在2018年央视节目《挑战不可能》第三季中，徐州工程机械集团有限公司的一名普通技术工人翟孝强，驾驶着徐工滑移装载机在一个直径约1m的滚筒上滚过22m长、间距由2.1m过渡到0.8m忽宽忽窄的空中轨道，最终滚筒丝毫不偏离地驶向对面高空平台，成就了这项国内外史无前例的平衡挑战。翟孝强14年的永不退缩、反复练习和无数次的失败，铸造了这般坚韧的匠心精神。

2. 匠艺

匠艺是指通过反复训练、精心打磨，使水平达到神乎其技的效果，它是工匠精神的核心内涵。高超的技艺、精湛的技术确保产品或服务的高质量和高品位。匠艺的习得除了天赋因素，更多是下了常人不想、不肯、不能下的功夫，正所谓"只要功夫深，铁杵磨成针"。各行业对匠艺的评价指标是不同的，但均包含对精密度、准

---

① 邹其昌. 论中华工匠文化体系——中华工匠文化体系研究系列之一[J]. 艺术探索，2016，30（5）：74-78.

确度、成本效益等方面的考量。匠艺水平现在通过职业技术等级来区别，以鼓励技术工人扎根企业钻研技术。随着社会对高水平技能人才的重视，一批行业领域里的能工巧匠被誉为"技术能手""技能大师""大国工匠"。在 2015 年央视新闻频道推出的八集系列节目《大国工匠》中，"发动机焊接第一人"高凤林、给中国新一代大飞机 C919 打磨全新零部件的胡双钱等 8 位"国宝级"工匠，尽管出身平凡，缺少高学历文凭，但凭借对岗位的热爱和一辈子的坚守，靠着不懈的钻研和无数次的实践，在各自领域成为技术第一人并将产品做到了极致。高凤林给火箭焊"心脏"要求焊点宽度不超 0.16mm，焊接时间误差不超 0.1s，35 年来他焊接了 130 多枚火箭发动机，焊接点没有丝毫偏差。胡双钱创造了打磨的零部件百分之百合格的惊人纪录，他为 C919 首架样机打磨了一批"前无古人"的全新零部件。科技的迅猛发展带来了新材料、新标准、新工艺、新工具在制造业中的广泛使用，自动化、信息化、智能化的冲击也替代不了擅长应对和处理复杂工业环境中"疑难杂症"的高技能人才，这一点尤其体现在尖端科技的各类定制零部件生产和特殊工艺处理上。

3. 匠品

匠品是价值观层面的品德、品行、品质，通俗地讲，就是以什么样的态度对待工作。俗话说"态度决定一切"，这个态度具体指爱岗、踏实、勤奋、诚信、守时、忠诚、责任心、上进、协作、务实。科学界证明：人与人之间的智力因素差距微乎其微，而认真对待、持续付出等非智力因素才是决定成功的关键因素。秋山木工的创办者秋山利辉提出，"一流的匠人，人品比技术更重要""有一流的心性，必有一流的技术"，因此，他在对企业员工的教育过程中，花费了 95% 的时间用于培养人品。在实践中，匠人们的天资多与常人无异，甚至在某些方面还不如他人。不少匠人起步较晚、起点也不高，但正是依靠自己的信念十年如一日地做同一件事情，并享受每个攻坚克难的过程，才终成大器。

大国工匠高凤林成名后，很多企业或个人试图用高薪聘请他，他均不为所动。可见，匠品中一个重要的品质是要有责任感，只有心中装着对国家、社会、组织及家人的责任感，才能顾全大局，才有集体荣誉感，甘愿舍小家顾大家，将个人的成长和组织的发展紧紧联系在一起，敬业肯干，大公无私，团结带领大家一道为组织的发展奉献青春和热血。视产品质量为生命，视顾客为上帝，决不粗制滥造、偷工减料、欺诈隐瞒，干干净净做人，认认真真做事，遵守规则，注重原则，不随波逐流，不为名利所动，努力做好本职工作。匠品中的另一个优秀品质就是目标高远、不断超越。对于技术上的难题、高效高质的变革、新产品的研发，匠人无视多数人眼中的不可为，敢于直面困难，勇于挑战，不懈创新，永不言输。中国兵器工业集团首席焊工卢仁峰为把坦克的各种装甲钢板连缀为一体，克服自己左手残疾的缺陷，仅靠右手练就了一身电焊绝活，其手工电弧焊单面焊双面成型技术堪称一绝。正是越困难越向前的韧劲、勇于突破自我的决心和探索钻研的精神，成就了技艺卓越的卢仁峰。

4. 匠行

工匠精神贵于行。匠人不是理论家，而是能够将理论转化为实践，并变成现实生产力的行动派。但此行非莽行，强调一个"新"字，通过找到事物发展的规律，寻求新的发现，冲破旧有模式，勇于创新，从而达到匠艺的新境界。哪怕是最简单的作业程序，善思巧行也能提高工作效率，精雕细琢也能创造出完美的产品。北京王致和公司的装瓶车间班长关女士，她把豆腐块放进小瓶口的瓶子里，琢磨出双手装瓶法，既保证了豆腐块不被损坏，又大大提高了装瓶速度，每人每天从装 10 盒提高到 70～80 盒，一线技术工人的妙思巧行大大提高了企业生产效益[①]。巧不是凭空得来的，正所谓熟能生巧。只有坚持和专注于本岗位和本行业，才有可能获得纯熟的技术。只有熟练后，才能不断改进技术，提高产品或服务的质量，提升生产或服务的效率，增强产品服务的人性化程度。数据显示，稍微复杂的技术岗位的胜任期需要 3～5 年，而具备灵活应对本岗位各种作业要求的能力需要 10 年以上的积累和磨炼。可见，匠人成功的经验更多的是多年坚守岗位，心无旁骛地干一件事，做熟、做深直至做巧[②]。

5. 匠值

用匠艺创造更高的价值，是工匠精神的现实主义体现。这里的价值既指经济价值，也指艺术价值、使用价值或效率价值等，创造的价值大小是评价匠人作用、地位的重要参数。发明家爱迪生一生热爱发明、不断创造，拥有 1000 多项发明专利，为社会创造巨大财富的同时推动了人类文明的进步。

---

① 李淑玲，陈功. 当代中国工匠精神解构[J]. 成人教育，2019，39（11）：66-71.
② 同①。

匠心、匠艺、匠品、匠行及匠值有着内在的逻辑关系，其中匠心是工匠成长的根基，匠品是匠心的折射，匠心影响匠品，二者相互影响和约束，共同发挥作用，最终通过匠行得以体现。工匠精神是在行动中体现的，从获得高技能到产生高绩效（各种价值），是匠心、匠品促使的实践行动最终带来的。精湛的匠艺是匠行呈现的特点，是匠心、匠品的外化标签，也是能带来超值价值的保证。工匠的奋斗目标就是创造出得到社会认可和高度赞扬的价值，而这又会反向促使匠艺的提升。

可见，工匠精神是一种信仰、一种生活方式、一种生活态度，是一系列精神的集合体，不同工匠身上偏重的特质会有所不同，但基础要素都能在匠人身上找到，因而成就也有大有小。不是每个人都能成为技术大拿、业内第一，但每位技术工人都应拥有基本的工匠素质。

1.2.3　新时代工匠精神

随着人类社会的发展及劳动生产方式的转换，工匠精神的内涵也在不断变化。手工业时代的工匠精神通常被认为是工匠群体所具有的精益求精、敬业奉献、一丝不苟等优良品质。现代社会背景下的工匠精神不能简单等同于手工业时代的工匠精神。两者虽然有很多渊源，但依附的社会经济基础不同，面对的社会形势也有很大差异。在手工业时代，由于生产规模小，生产过程相对简单，工匠有充足的时间对自己的产品反复打磨，以达到完美的程度，所以追求的精益求精只求精细不讲效率；工业化时代与手工业时代相比，一个典型特征就是工业生产的标准化和通用化。在工业流水化生产中，一个工人只需要负责一道工序，而在手工业生产中，每个工匠要负责整个的生产过程。因此，工业化时代更多地强调工人对标准和规范的遵循与坚守。进入信息化时代，消费者追求的是个性化的定制服务。这一变化要求现代的工匠既要追求极致的品质，也要讲求速度、智能、规模和创新。如果说前者的精益求精是靠不计成本地投入心血，那么后者的精益求精更多的是靠带着创新精神不断在技术上寻求突破。前者崇尚的是一种慢文化，后者崇尚的则是一种快文化。换言之，新时代的工匠精神只是反对社会上普遍的浮躁气息，并不主张因循守旧，更不是教导人们固守传统而停滞不前，而是鼓励人们带着创新精神将产品品质做到最优、使用功能做到最强，从而创造出最大的价值。在现代，通常认为，工匠精神是从业者在对产品的设计、制作和生产等整个过程中精雕细琢、精益求精的工作状态与理念，不仅是当代社会、国家和行业不可或缺的思想文化，而且是为适应经济社会发展和个人就业需要而进行职业素养训练和职业能力培养的核心文化①。

新时代工匠精神主要包含四个基本内涵：第一，爱岗敬业的职业精神；第二，精益求精的品质精神；第三，协作共进的团队精神；第四，追求卓越的创新精神。其中，爱岗敬业是根本，精益求精是核心，协作共进是要义，追求卓越是灵魂。传统工匠精神中敬业、执着、严谨、精进的品质不分时代，不分行业，都是万法归一的。但在以"云、物、大、智"数字技术为引领的互联网时代（图1-2），新时代工匠精神还应强调团队协作、紧跟前沿知识的学习精神和创意至上的原创精神。缺乏协作精神，制造一列"复兴号"列车车厢的三万七千多道工序，仅靠一个人是不可能完成的；缺乏创新思维，制造业从业者就不能勇于跨界和突破限制，应用新的前沿科技推动产品的升级换代，以满足社会发展和人民日益增长的美好生活需要。新时代工匠精神与劳模精神、劳动精神构成一个完整的体系，成为激励民众推动现代化强国建设的强大精神动力。

图1-2　以"云、物、大、智"数字技术为引领的互联网时代

---

① 叶桉，刘琳. 略论红色文化与职业院校当代工匠精神的培育[J]. 职教论坛，2015（34）：80.

"两丝"钳工顾秋亮：给"蛟龙号"装眼睛

在 2015 年电视节目《大国工匠》中，中国船舶重工集团公司第七〇二研究所（以下简称七〇二所）"两丝"钳工顾秋亮那双指纹已不清晰的手，给当时亿万观众留下了深刻印象。

2004 年，为确保国家 863 重大专项"蛟龙号"载人潜水器的顺利安装，七〇二所抽调各部门技术过硬的技术骨干参加该项目的总装工作，顾秋亮为其中之一。作为"蛟龙号"载人潜水器首席装配钳工技师，顾秋亮刻苦钻研，勇挑重担，成为"蛟龙号"载人潜水器装配组组长的不二人选。

2005 年，顾秋亮所在的"大型低噪音循环水槽"项目组荣获中国船舶重工集团公司集体一等功。他本人于 2008 年荣获"江苏省技术能手"称号，2013 年荣获蛟龙号应用性海试先进个人，2015 年被评为第十四届全国职工职业道德建设标兵，2016 年获得"最美职工"荣誉称号。

刻苦钻研　练就"两丝"绝技

40 余年来，顾秋亮对工作兢兢业业，刻苦钻研，一直在平凡的岗位上扮演着"螺丝钉"的角色。他平时就爱琢磨、善钻研，喜欢啃工作中的"硬骨头"。凡是交给他的活儿，他总是绞尽脑汁想着如何改进安装方法和工具，提高安装精度，进而确保高质量地完成安装任务。正是这股爱钻研的精神，在工作实践中磨炼了他的创新意识和解决技术难题的能力。

深海载人潜水器有十几万个零部件，组装起来最大的难度就是确保密封，精密度要求达到两个丝（一丝等于 0.01mm）。顾秋亮带领装备组实现了这个精度，人们都喊他"顾两丝"。顾秋亮成为"顾两丝"，并非一朝一夕的事。1972 年，17 岁的顾秋亮高中毕业后进入七〇二所当钳工。一开始他觉得很苦，住在所里，1 个月才能回一次家。师傅的耐心传帮带，加上自己要强的个性，终于让他静下心来练习基本功。

"平面锉平"特别费时费力，站得腿麻，锉得手酸。一块 10cm 厚的方铁，花几个月才能锉磨成 5mm 厚的铁片，每个角面上量起来都要厚薄均匀。白天练，晚上下班后接着练。一边锉一边琢磨，锉完了十几块方铁，用断了几十把锉刀，两年后，终于满师。他手上的活儿也开始有了灵性，做的工件得到了师傅的肯定。

一些工件经过机器加工后，还要手工锉或磨，否则精度达不到要求。要将金属锉磨到"丝"的精度，对手上控制力的要求极高。顾秋亮打了个比方：就像拿着一碗水去跑步，既要快，又不能让水泼出来。

从基础做起，从点滴开始，顾秋亮正是从这些基本功中汲取营养，也磨砺自己的内心，为日后成功的果实耕耘出一片沃土。

<h3 style="text-align:center">义无反顾 始成"画龙点睛"</h3>

2004 年，"蛟龙号"开始组装，顾秋亮被任命为装配组组长。他和同事们最大的挑战就是确保潜水器的密封性。

对于人体来说，眼睛是最为娇嫩、精密的器官，而潜水器载人舱的观察窗就是"蛟龙号"的眼睛。观察窗的玻璃异常"娇气"，不能与任何金属仪器接触。因为一旦两者摩擦出一个小小的划痕，在深海几百个大气压的水压下，玻璃窗就可能漏水甚至破碎，直接危及下潜人员的生命。因此，安装载人舱观察窗的玻璃，也是组装载人潜水器里最精细的活儿。

在整个试验和装配过程中，顾秋亮每天都要工作到凌晨。除了依靠精密仪器，顾秋亮更多地依靠自己的经验判断，靠眼睛看、用手反复摸，最终使球体与玻璃的接触面达到 70%以上，达到了密封性要求。

2009 年，"蛟龙号"载人潜水器拉开了海上试验的序幕。顾秋亮作为"蛟龙号"海上试验技术保障骨干，已是 50 多岁的他克服严重的晕船反应和海上艰苦的工作生活条件等诸多困难，义无反顾地投入每年近数十天（最长时间达 100 余天）的海试中，为"蛟龙号"保驾护航。2009～2012 年，4 年的海试他一次都未落下。

海上试验工作条件非常艰苦，顾秋亮经常忍受烈日的炙烤，在 60 多摄氏度高温的甲板上挥汗如雨，完成一次次拆卸、安装、维护保养工作。"蛟龙号"内部的操作维护空间比较狭小，顾秋亮常常需要在里面钻进爬出，有时甚至只有一只手能伸进去的地方，他也必须坚持完成设备的拆装和维护。4 年海试，其中的辛苦不言而喻，然而顾秋亮从未有过抱怨，始终冲在前面，甘之如饴。

在海上试验过程中，常常因为气象、技术等多种因素，需要抢时间、抢海情，经常加班加点，甚至通宵达旦地工作。多年的海试，顾秋亮已记不清经历了多少个不眠之夜。顾秋亮说："在海上工作生活确实很苦很累，但我感到很兴奋、很自豪。不管是晚上加班到半夜还是早上 5 点半起床保养潜器，不管是日晒还是雨淋，我都感到很光荣，能为海试出一份力，我很骄傲，因为在祖国的深潜纪录中有我的汗水，光荣！"

"蛟龙"入海 尽显英雄本色

2012年6月,"蛟龙号"载人潜水器再次整装出发,向着7000m的极限深度发起挑战,顾秋亮这位老将再次随队出征。然而刚刚启航,一个如晴天霹雳的消息被紧急告知了顾秋亮——他的老伴儿生重病住院了。

一面是相伴数十载的亲人,一面是伴随其成长成熟的"蛟龙号"的"成人礼",跟随海试队南征北战多年,从未因工作上的困难皱过眉头的顾秋亮犹豫了,这位"老战士"的眉头锁成了一团。船上同室居的高级工程师姜磊说,顾秋亮本来是船上的"开心果",但那一次看到他流泪了。

"一路走来,我精心呵护着它,伴随它成长,为它整理行装、包扎伤口、精心手术、穿上新装,看它踏上征程,我希望能够亲自护送它完成其成人前的最后一次考验。"经过彻夜未眠的激烈心理斗争,顾秋亮说服自己出征"前线"。由于船在海上,电话也不通,顾秋亮只有等待。他把心态调整得非常好,那种顾全大局的精神,同事姜磊用了两个字:"钦佩"。

在做出抉择后,这位倔强的汉子将对亲人的牵挂深深埋藏在心底,全身心投入海试工作中。顾秋亮用自己的实际行动诠释了新时代一名在平凡岗位上创造不平凡业绩的"英雄"风采。

一把锉刀一握就是40余年,一头黑发如今已是霜白,参与了"蛟龙号"载人潜水器等众多重大装备研制任务的顾秋亮虽早已退休,但退休后的他仍心系科研生产,被单位返聘继续从事自己热爱的工作。"我们的国家要强大,成为一个海洋强国,要有更多的工匠将图纸变成实物。人的天赋有大小,工匠精神就是要干一行、爱一行,对国家和自己都要负责任。"据介绍,仅在七〇二所,顾秋亮就先后带了多位徒弟。顾秋亮表示,将来即使不能带徒弟了,他也会给更多的学生讲一讲工匠的意义,将工匠精神植入他们的心中。

(资料来源:孙仕奇."两丝"钳工顾秋亮:给"蛟龙号"装眼睛[EB/OL].(2019-04-21)
[2022-06-14]. https://www.workercn.cn/358/201904/21/190421104712799.shtml.)

第2章

工匠精神溯源

观点精要　　工匠精神是技艺高超者的职业操守和价值追求，是推动人类社会向前发展的共同精神财富，是一个国家得以生生不息的源泉。追溯工匠精神的起源和发展，汲取中外优秀工匠精神的内核，深入认识工匠精神的本质特点，并在传承中发展和创新，对于当今我国职业院校学生工匠精神的培育和整个社会工匠精神的回归具有十分重要的意义。

2.1　工匠精神的产生

2.1.1　工匠精神产生的个人原动力

恩格斯指出："工具的使用是人脱离动物界的第一步，劳动使人真正成为人，并且推动人类文明不断演进。"劳动在从猿到人的转变中起到了至关重要的作用。劳动不仅创造了人类社会，还推动了人类社会向前发展。从石器文明、铁器文明到蒸汽文明和电气文明，再到现在的信息文明，各个文明中的器物都是工匠创造的，一部人类文明史可谓一部工匠史。从最初制造简单实用的生活和生产工具，到注重工具与器物的实用性和艺术性，人类在满足了基本的生存需求后，对美的艺术追求、对技术的孜孜探索促使一批技艺精湛、独具匠心的优秀工匠涌现出来。显然，古代手工业者已不仅仅是为了掌握技术、练就手艺或是谋生，而是注入了对艺术创造的追求，其从事的劳作是具有审美属性和精神价值的造物活动，体现出古代工匠的审美理念和文化技术思想，这便有了真正意义上的"工匠精神"。自农耕时代起，实用性和艺术性便成为手工制品的两大属性，彼此交融共存。现在人们所崇尚的工匠精神，主要是指在大工业时代前工匠制作艺术品的精神。

　　古代工匠和近代工匠为打造精美的器物，不惜消耗个人的时间与精力，其主要的原动力是精美实用的器物会受到客户的喜爱和推崇，从而售价更高，能给他们带来更多的收益。工匠本人也会因此获得更多的赞誉，同时他们的作品作为商品，也会拥有更大的市场。因此，社会有需求及价值认可，也是工匠精神生生不息的源泉，认可工匠精神、传承工匠精神和弘扬工匠精神是促进整个社会发展的动力之一。

　　随着科技的发展和社会的进步，优秀的工匠为使自己的人生出彩，助力人企和谐共赢、国家社会繁荣进步，承继吃苦耐劳、专心敬业、技艺高超、精益求精的优秀品质，积极钻研专业技能，富有思想和创造性，在重复性的工作中发现问题，想出解决办法，不断改进生产技术，为集体、为社会持续贡献个人的独特价值。这些附着在高技能劳动者身上的优秀品质就是工匠精神的内核，是人类通过劳动创造出的真善美的自然结晶。

2.1.2　工匠精神产生的经济因素和社会因素

　　从时空场域看，工匠精神产生于特定的历史情境中，受东西方传统文化、科学技术、经济发展等因素影响，存在一定的东西方差异。

　　在东方，工匠精神最早孕育于我国。数千年自给自足的自然经济使世世代代中国人重视精工细作，也推崇能工巧匠。对于工匠精神的诠释可以追溯到春秋战国时期，《考工记》中记载："百工之事，皆圣人之作也。烁金以为刃，凝土以为器，作车以行陆，作舟行水，此皆圣人之所作也。"由此可见，多才多艺的能工巧匠被当作"济世圣人"来对待。但随着儒家文化的兴起，中国工匠精神经历了从盛至衰的过程，"君子不器"的主张使工匠被认为是雕虫小技、旁门左道乃至奇技淫巧的实施者，对人们的职业观产生一定的影响。另外，中国长期处于以农业、手工业为主的社会发展阶段，对大自然的改造能力有限，总体上强调敬畏天地、顺应自然。东方工匠在产品设计和加工上更多展现心思之灵和工艺之巧，正所谓"天工开物，随物赋形"，相对缺少深刻的变革和创新。

　　在西方，工匠精神最早萌芽于古希腊—古罗马时期，此时的工匠精神被看作是一种"非利唯艺"的纯粹精神。柏拉图认为，工匠从事产品制造工作的目的并不是单纯为了获取报酬，而是为了追求作品本身的完美与极致。也就是说，工匠精神的终极目的在于发挥出技艺的最大能量，从而让服务对象获得完美的"用户体验"。对于善的追求也是工匠精神的重要价值理念。亚里士多德认为，对于一个吹笛手、一个木匠或任何一个匠师，总而言之，对任何一个进行某种活动或实践的人来说，他们的善或出色就在于那种活动的完善[①]。对工匠精神而言，这种善体现在对产品的精雕细琢及对技艺的精益求精上。到了中世纪，工匠精神被赋予更多的神学色彩。正如马克斯·韦伯所言，"基督教从一开始就是手工业者的宗教，这是它的突出特征"[②]。随着宗教的介入，人们从根本上转变了对劳动的看法，工匠群体的技艺劳动为救赎之路打开了一扇大门。宗教改革的推进及手工业行会制度的建立，进一步促进了工匠精神的发展[③]。与此同时，源于改造自然的理念，以及以科学实践为基础的产业革命和技术创新，西方文化更强调质量文化，严把质量的标准控制、精益制作和产品检测，注重材料统一、设计规范、流程高效[④]。

从时间纬度看，工匠精神是随着时代的变迁和经济社会发展需要的变化不断发展的。在手工业时代，生产技艺和工匠精神通过"父子相传""师徒相传"的方式进行传承，后来在手工业行会的影响下进一步发展完善；在工业时代，由于受到机械化大规模生产的影响，生产技艺的传授方式变为学校职业教育，这虽然大大提高了生产技艺教学的效率，但是削弱了工匠精神的价值并影响到人们对它的追求热情，工匠精神在行业中一度被忽视甚至"退场"；后工业时代，以互联网、大数据、人工智能为代表的新一代信息技术给人类的生产方式和生活方式带来了革命性变化，通过与制造业深度融合，这些技术催生了个性化定制、智能制造、网络化协同、服务型制造等新模式和新业态。同时，借助万物互联的信息自由流动，赋予企业配置全球范围内的研发资源和劳动力资源的能力，基于网络的协作式分工推动经济全球化和文化交流互鉴进一步发展，东西方工匠精神已呈现融合发展态势。企业不断应用新技术、大数据迭代产品，催化和重构生产要素，转变经济发展模式的同时，为保持永恒的生命力，仍秉持用户至上的互联网精神，将服务理念融入工业化，注重产品质量和体验的独特性。

面对瞬息万变的世界，尽管东西方工匠精神在具体内涵上存在一定的差异，但

---

① 亚里士多德. 尼各马可伦理学[M]. 廖申白，译注. 北京：商务印书馆，2003：17.

② 马克斯·韦伯. 经济与社会（第一卷）[M]. 阎克文，译. 上海：上海人民出版社，2010：612.

③ 庄西真. 多维视角下的工匠精神：内涵剖析与解读[J]. 中国高教研究，2017（5）：92-97.

④ 孟庆元. 工匠精神的基本内涵和时代价值探析[EB/OL]. （2021-12-03）[2022-03-12]. https://www.cqn.com.cn/zgzlb/content/2021-12/03/content_8759552.htm.

是在核心价值理念上无疑具有相通之处，都追求至善尽美、精益求精的工作境界，倡导工匠应该具有严谨、专注、坚持、一丝不苟、敬业奉献等高尚的道德品质。

2.2　中国工匠精神的发展历程与主要特征

中国是一个有着悠久历史的文明古国，是世界四大文明古国中唯一一个文明没有中断过的国家，也是世界工匠精神的发源地之一。在数千年的历史发展进程中，工匠精神便在人与自然相处的生产生活中孕育产生，先是有了中国工匠这个群体，受不同历史时期经济社会发展状况及文化思想的影响，工匠的地位、作用、传承方式、表现形式等各异，但他们创造出的让世界为之惊叹的美轮美奂的物品和工程，都烙上了尚技、崇德、执着、坚韧、创新等精神品质，在书写异彩纷呈的物质文化的同时，他们也留下了许多让人们津津乐道的关于工匠精神的文字与传说，这些成为中华传统文化的重要组成部分，并深刻影响着世界各国的文化。

2.2.1　中国工匠精神的发展历程

本书不拘泥于具体的时间节点，遵循事物发展的一般规律，将中国工匠精神产生至今的发展历程大致划分为起源、发展、没落和回归四个阶段。

1. 中国工匠精神的起源

工匠精神在中国源远流长，早在旧石器时代就已萌芽。为了生存，我国原始社会的工匠们就开始以自然物质为原料加工制造生产工具或生活用具，他们在生产活动过程中掌握了好的技术和手艺，形成对工匠实践的最初认知。在距今 5000～7000 年的河姆渡文化时期，氏族部落的工匠们不仅会对自然物质进行加工，在工具使用的形式和美感上也开始有所讲究，还懂得改变自然物质的物理性能和形式。例如，在河姆渡文化遗址中发现的大量干栏式建筑中使用的榫卯结构，木构件横竖咬合，接口部位严丝合缝，体现了古代木构建筑中的匠人技术。在父系氏族公社后期，部落联盟领袖舜在制陶时追求精工细作，并带动周围人在制作陶器时杜绝粗制滥造。

在原始社会末期，人类社会经历了三次大的社会分工，第一次是畜牧业从农业中分离出来，第二次是手工业从农业和畜牧业中分离出来，第三次是商业从农业、畜牧业和手工业中分离出来。其中，在第二次社会大分工之后，社会上出现了专门从事手工劳动的生产者。尽管用于制作的材料和制作出的器物总体呈现简约、朴素的特点，但这些手工劳动者制造的工具越来越美观，制作工艺越来越复杂①。

2. 中国工匠精神的发展

随着社会的发展，科学技术越来越先进，社会劳动分工日益细化，一批技艺精湛、独具匠心的手工业者开始专门从事生产制作，这催生了限制行业内外部竞争和维护行业既得利益的行会制度②。自春秋时代开始的行会制度表现为各行各业自立门派，广收学徒，官营手工业作坊遍布全国，诞生了我国已知最早的古代手工业技术著作——《考工记》。该著作出于《周礼》，是中国春秋战国时期记述官营手工业各工种规范和制造工艺的文献，书中保留有先秦大量的手工业生产技术、工艺美术资料，记载了一系列的生产管理和营建制度，在一定程度上反映了当时的思想观念。至唐朝，设立了掌管百工的少府监和将作监，开启了学徒标准化培养，类似职业教育工学结合的育人模式。宋朝工种增多，规模变大，行会组织盛行，有力促进了工商业的繁荣，工匠达数万人，出现"法式"训徒。所谓"法式"，即类似今天的"工匠手册"，使得艺徒训练日臻完善。至明清时，出现大量的工艺教本和著述，最为著名的是明朝科学家宋应星所著的《天工开物》，谓"载百工之机巧，道万业之由始"，被誉为"百科全书之祖"。

在以师徒相授为主的技艺传承中，不同职业不仅对从业者应掌握的知识和技能提出了明确要求，还对其所应具备的道德观念、情感和品质有相应的要求。为了维护职业威望和信誉，适应社会的需要，从事各种职业的工匠艺人在职业实践中，不但要传承师傅过人的手艺和尊师重道的良好品德，而且要根据现实条件融入自己的思想或加以创新，继续将师傅的宝贵技术和精神传给后人，逐渐形成尊师重道、精益求精、传承技艺和谦虚好学等传统工匠精神品格，这其中尤为注重"正德"，即为人正直，德行端正③。这些在技艺传承中积淀的古代工匠职业道德规范，与古时工匠培训著述一道构成了古代中国工匠精神发展的早期形态，深刻影响着传统文化中有关人与自然、义与利等思想，并渗透进中国人的集体价值认同和情感思考中。

---

① 张迪. 中国的工匠精神及其历史演变[J]. 思想教育研究，2016（10）：46-47.
② 梅红霞，王屹，唐锡海. 中国古代学徒制的文化考察[J]. 职教论坛，2017（10）：91.
③ 王维依，蒋晖. 论中国古代工匠精神的历史源流[J]. 美术教育研究，2020（18）：55.

3. 中国工匠精神的没落

中国工匠精神的没落受到科技、文化、社会环境和制度等多方面因素的交织影响。

1）科技因素

18 世纪 60 年代，随着蒸汽机的发明和使用，以英国、法国、美国为主的西方国家相继进行了工业革命（图 2-1），机器生产全面取代手工劳作，在向世界各国输出先进工业技术的同时，也掀起了西方列强侵略瓜分中国的狂潮。自鸦片战争后，中国逐渐沦为半殖民地半封建社会，自给自足的自然经济遭到破坏，封建经济解体，外国的大机器和相应的产品大量涌入，一些先进人士开始学习西方先进科学技术，出现了一批外资企业、洋务企业、民族资本主义企业，商品竞争的加剧、机器的引入使得雇主需要大量熟练工人、技术人员、管理人员，在手工业生产发展过程中形成的以"师徒相授"为培养特点的行会制度，已无法适应现代工业化在短时期内需要批量熟练技术工人的状况。光绪二十九年（1903 年），清政府在各省设立商会，中国行会组织由此被资产阶级商会组织替代，与此同时，机器大工业的规模化生产也带来技术人才培养模式的改变，传统行会学徒制被各式艺徒学堂和实业学校取而代之，这便是中国早期职业教育的雏形。大机器时代改变技术传承方式的同时，大规模的"流水化"作业使得劳动者不需要深入系统地掌握一门技术，只需懂得简单反复的操作即可谋生，就像《摩登时代》中由"喜剧大王"卓别林扮演的主人公查理一样每天在工厂流水线上重复拧螺钉，工人毫无存在价值感和获得感，雇主也不愿意花费大量时间和金钱去培养人才，快节奏的工业生产方式使工匠精神日渐式微。

图 2-1　蒸汽机推动世界工业进入"蒸汽时代"

2）文化因素

受"学而优则仕""劳心者治人，劳力者治于人"等的儒家思想的影响，人们认为工匠在劳动实践中所表现出来的技艺是不值一提的"奇技淫巧"①。历史上曾将匠人排在当时"官、吏、僧、道、医、工、匠、娼、儒、丐"这十种职业中的第七位。这种轻视工匠职业的负面文化不仅成为阻碍中国古代科学技术发展的绊脚石，也仍旧在现代生活中时隐时现，影响着普通民众对工匠和工匠精神的正确认识。

3）社会环境因素

从中国近代史的发展历程来看，外族入侵、内战纷争等劫掠和破坏使得社会经济落后，传统企业遭到严重摧残，工匠精神的培育更无从谈起。改革开放以来，我国社会发生了翻天覆地的变化，生活的节奏明显加快，生活的压力越来越大，不少人剑走偏锋只为一夜暴富，一些地方和企业忽视产品质量一味追求"短、平、快"的即时利益，整个社会风气变得浮躁，人们已经无法再慢慢雕琢、打磨产品，追求精益求精，工匠精神一度寂寞凋零②。

4）制度因素

导致工匠精神没落的制度因素，主要包括社会制度、收入分配与保障制度、职业教育制度等方面。一是封建社会制度的瓦解。束缚传统工匠的规约不复存在，工匠缺乏在旧有岗位上磨砺技艺和精雕细作的动力与约束。二是收入分配与保障制度的变化。新中国成立后工人阶级的利益得到了全面保障，职业认同感极高。改革开放后受到市场经济影响，部分工人的收入水平下降，职业认同感降低。三是职业教育发展制度不完善。许多职业院校过度追求办学规模和就业率，忽视了对学生职业素养的全面提升。这些制度因素共同导致了工匠精神的衰退。

4. 中国工匠精神的回归

在新一轮科技革命和产业变革与我国加快转变经济发展方式形成历史性交汇和国际产业分工格局正在重塑的重大历史机遇期；在美国等西方国家占据专利、技术研发、产品设计、重要装备和设备部件等产业链上游，我国制造业可能面临关键器件"卡脖子"和产业链断裂风险的形势下③；尤其是在我国全面建成小康社会、实现第一个百年奋斗目标之后，乘势而上开启全面建设社会主义现代化国家新征程、向

---

① 朱文通. "工匠精神"为何缺失[J]. 中共石家庄市委党校学报，2016，18（11）：46.
② 毛勇兵，常昊，郝宇青. 当下中国工匠精神缺失原因及其培育路径探析[J]. 思想政治课研究，2017（4）：53.
③ 李东生. 全球化是中国制造的战略发展方向[EB/OL]. （2021-09-20）[2022-06-14]. https://baijiahao.baidu.com/s?id=1711369857321064668&wfr=spider&for=pc.

第二个百年奋斗目标进军的第一个五年，2021 年 3 月 11 日第十三届全国人民代表大会第四次会议表决通过了《中华人民共和国国民经济和社会发展第十四个五年规划和 2035 年远景目标纲要》（以下简称"十四五"规划）的决议。"十四五"规划提出，"十四五"时期以推动高质量发展为主题，统筹发展和安全，加快建设现代化经济体系，加快构建以国内大循环为主体、国内国际双循环相互促进的新发展格局。2035 远景目标更加注重经济结构优化，引导各方面把工作重点放在提高发展质量和效益上。围绕创新驱动发展、巩固壮大实体经济，"十四五"规划中强调：深入实施人才强国等战略，完善人才评价和激励机制，选好用好领军人才和拔尖人才，弘扬科学精神和工匠精神，加强创新型、应用型、技能型人才培养，实施知识更新工程、技能提升行动，壮大高水平工程师和高技能人才队伍；加快发展现代产业体系，深入实施制造强国战略，通过加强产业基础能力建设，提升产业链供应链现代化水平，增强制造业竞争优势，推动制造业高质量发展。"工匠精神""制造强国"不仅被写进规划纲要，也多次出现在习近平总书记在党的十八大以来的相关重要论述中。国家和地方也相继出台了《关于深化人才发展体制机制改革的意见》《关于加强新时代高技能人才队伍建设的意见》等一系列鼓励一线劳动者成长成才、保障高技能人才权益的政策法规。从国家社会宏观发展、企业组织微观成长，到劳动者追求个人职业生涯发展，各方面都肯定了弘扬工匠精神的重要性和必要性。这些举措形成了激发内生动力的中国工匠文化土壤，使劳动光荣的社会风尚和精益求精的敬业风气日益浓厚，工匠精神正在强势归来。

2.2.2　中国工匠精神的主要特征

中国的工匠精神是工匠群体在长期实践中形成并体现出来的精神特质，它指引和约束着工匠们的劳动实践，也推动着他们的技艺水平不断提升。工匠精神与工匠技艺是合为一体的，二者相互促进，不断提高，共同致力于提高生产质量和效率。结合对中国工匠精神发展阶段的分析，作者认为中国工匠精神主要有主动省思、德艺兼修、精益求精和道技合一等特征。

1. 主动省思

在我国历史上，最初的工匠出于生存的需要，以自然物质为原料加工制造生产工具，然后运用这些工具进行手工劳动。虽然当时条件简陋，制作出来的工具粗糙，生产效率也不高，但是他们会主动省思，不断提高工具的制造水平、工艺水平、生产效率和产品质量。后来，工匠被统治者征为官匠，甚至被赋予"匠籍"，他们的自由受到很大的限制，社会地位也不理想。虽然是"戴着镣铐跳舞"，但是他们仍然主动省思，不断修炼自身技艺和道德品质，不断提升自身审美能力[①]。再后来，"匠籍"制度取消，工匠恢复了自由身，他们在生产劳动的过程中主动省思，不断提高自己的技艺水平，充分发挥主观能动性和创造性，在技艺上别出心裁，不拘泥于传统，敢于打破常规，使得中国不少技艺（如冶炼、造纸、编织、建筑营造、园林造景、印刷术等）走在了当时世界的前沿。历史上波斯使者曾来我国学习丝织技术，蚕桑还传到拜占庭、阿拉伯，镂空版印花技术曾传到日本。明朝的青花瓷与清朝的各式彩瓷（图2-2），一流入西方国家即获得上层阶层的青睐，直接影响了西方瓷器的烧造和审美。可以说，主动省思是中国工匠在发展过程中提高自身技艺水平和道德品质的重要途径，它已经深深地融入工匠实践和工匠精神中，成为中国工匠的一个重要习惯和中国工匠精神的一个重要特征。

图2-2 东方艺术瑰宝——瓷器

2. 德艺兼修

从根本上说，工匠精神是一种伦理德性精神。就德性论层面而言，人的一切行为发自内在品格。对完美的追求、精益求精及持之以恒的探索创新，是内在德性的

---

① 陈晶. 中国古代工匠制度下工匠精神的产生与演进[J]. 新美术，2018，39（11）：37-38.

展现。古代众多有德性的工匠典范凭借聪明才智和精湛技艺，至今仍闪耀在人类文明浩瀚的星空中。例如，春秋战国时期的鲁班，不仅发明了木工工具、农业工具，还发明了仿生机械、攻城机械等；战国时期秦国的李冰父子主持修建了泽被后世的水利枢纽工程都江堰；东汉的张衡发明了地动仪；三国时期的诸葛亮发明了木牛流马；北宋的沈括撰写了百科全书式的《梦溪笔谈》……中国古代优秀工匠群体身上普遍具有崇德的精神品质，即源自用心，发自于爱，将所从事的技艺视为性命所系、生命的意义所在。德艺兼修表现为在工艺制作过程中严谨认真、吃苦耐劳、精益求精、信守承诺、讲求信誉，正所谓"重义轻利"，这同西方功利主义伦理观形成鲜明对照。

3. 精益求精

对于中国古代的工匠来说，无论是职业世袭时期父子相继的技术，还是拜师学艺时期师徒相承的技术，抑或是为宫廷、官府和达官贵人服务的技术，都有着相应的考核标准。无论是哪一种，都十分严格，"精益求精"是它们的共同要求。早在春秋时期，已有"物勒工名"制，简称"勒名制"。据《吕氏春秋·孟冬纪》载："物勒工名，以考其诚。工有不当，必行其罪，以穷其情。"至唐朝时，"勒名制"作为一项强制性制度写入唐律，凡是制作兵器、陶瓷、金银器等的工匠都必须在他们所制造的作品上勒刻下自己的名字，以示对产品质量的担保，之后在"勒名制"的基础上发展出"商标"的制度[①]。对名誉的珍惜、对造物素材的敬畏促使工匠对物品进行精雕细琢、不断完善。可见，工匠精神是中国工匠安身立命的根本。精益求精可以分为关注细节和追求完美两个方面：关注细节是指关注事实和细节问题，既考虑全面，又深入了解工作过程中各个环节的关键细节，并对细节问题进行预防和控制，确保成果的完美；追求完美是指工匠对产品技艺和品质有着极致的要求，不断追求更好的技艺和品质，如果没有达到他们心目中的完美程度，他们就会寝不安席、食不甘味[②]。中国古代工匠制作的很多手工制品都体现出精益求精的精神，后母戊鼎（图 2-3）、素纱襌衣和《女史箴图》

图 2-3 后母戊鼎

---

① 梅红霞，王屹，唐锡海. 中国古代学徒制的文化考察[J]. 职教论坛，2017（10）：92.

② 人力资源社会保障部教材办公室. 工匠精神读本[M]. 北京：中国劳动社会保障出版社，2019：46-57.

就是其中典型的代表。虽然不同时代中国工匠精神的侧重点有所不同，但精益求精始终是其核心内容①。

4. 道技合一

中国哲学极为推崇"道技合一"的工匠精神，认为只有参透技艺之道和天理之道的工匠才能神乎其技。《庄子》中的多篇文章表达了对"道技合一"这一工匠精神的本质看法。《庄子》以庖丁解牛、匠石运斧、老汉粘蝉等生动事例告诉人们，古代匠人的技艺能够达到鬼斧神工的境界，即所谓"臣之所好者，道也，进乎技矣"。庖丁的一把刀用了 19 年还像新的一样，其纯熟的解牛技法能够以神遇而不以目视，达到"官知止而神欲行，依乎天理"的境地。足以见得，古代工匠精神既是实践的积淀，又是内心对道的追求的展现。道是中国哲学中的最高概念，其蕴含天地与人间社会的规律或准则。在道家看来，道既是思维所能把握的最高概念，也是万物存在之理，而万物的本性是天道、人道等的体现。庄子以庖丁娴熟、游刃有余的技艺表明，只有熟悉并掌握劳动对象的自然机理、事物发展的规律，才能将这种对道的追求和把握与技艺的精进相结合，从而化为精神生命之道，使技艺达到臻于完美的境界。

2.3 国外工匠精神概述

提到国外工匠精神就会让人联想到德国枪械（图 2-4）、日本寿司（图 2-5）和瑞士手表（图 2-6），对产品的印象则是德国制造的隽永和耐久、日本制造的精巧和紧凑。无一例外，这些产业都具有悠久的生产和制造史。数据统计显示，全球所有行业中企业寿命超过 200 年的企业屈指可数，主要分布在德国、日本等发达国家。这些企业之所以能够长久存在，并且集中出现在这些国家，是因为它们传承了一种精神——工匠精神。工匠精神并非简单的机械重复，而是代表着一个国家和时代的气质。制造业发达的德国、瑞士和日本，表面上看走的是一条技术创新之路，实质上是对工匠精神的一脉相承。解析它们的工匠精神培育沃壤，了解它们的工匠精神如何产生与传承，对于建构我国工匠精神培育体制和机制，创设培育大环境，

---

① 梁丽华，郑芝玲，赵效萍，等. 新时代技术技能人才工匠精神培育研究[M]. 杭州：浙江大学出版社，2021：77.

凝聚国人共识，给予工匠型高技能人才应有的尊重和待遇，塑造国民精益求精及追求卓越的精神品格具有重要的启示和借鉴作用。

图 2-4　德国枪械

图 2-5　日本寿司

图 2-6　瑞士手表

2.3.1　德国工匠精神简述

1. 德国工匠精神的发展历程

在中世纪晚期，德国的手工业行会和学徒制盛行。学徒制依存于行会组织而存在和发展，手工业行会的陆续出现促使学徒制得到发展，这种由师傅、见习工和学徒组成的三层等级制度在 14 世纪已经盛行。手工业行会所起的作用不仅反映在经济领域，还渗透到人们的生活中。随着学徒制渐渐成为手工业行会的主要体制，师傅作为自主性和权威性的结合体受到全社会的敬仰，渐渐地，工匠阶层的社会影响力也被提升了。工匠不仅通过他人的敬仰感受到自身价值，也在完成作品的荣誉感中寻找到自身价值。在不断积累前行的过程中，他们创作的积极性更高，创作的作品更加新颖和精美，工匠精神在不知不觉中也得以孕育[①]。

从 15 世纪末开始，德国的经济状况开始变差，受此影响，行会制定了一些针对工匠的法令，这些法令使工匠升为师傅、学徒满师升为见习工的条件变得更加严苛，行会甚至开始向学徒制体制内的工匠变相收取高额费用，工匠的处境开始变得十分艰难，有些城市和行业的工匠数量锐减。到了 19 世纪，资本主义手工工场得到迅猛发展，德国的经济重新活跃起来。由于工场手工业的发展需要大量高素质工匠，于是德国颁布了很多法令，清除之前手工业发展过程中不利于工匠培养的弊病，整顿工场手工业的风气。在这些法令的影响下，德国的工匠有更多的机会接受规范化的培训，他们在工作过程中逐步将规定内化为习惯，敬业、乐业的工匠精神由此生根[②]。

19 世纪 30 年代中期以后，德国才迟缓地迈出工业化的步伐，比英国和法国晚了大约半个世纪。由于缺乏高新技术与高水平人才的支持，急于求成的德国采取了偷师学艺的方法，模仿英国和法国制造业的生产方式，这导致德国的产品在当时的世界范围内成为廉价、劣质和低附加值的代名词，并遭到其他国家的一致抵制。1887 年，英国在修改《商标法》条款时，规定所有从德国进口的商品必须有"德国制造"的标签。这一羞辱性的做法对德国工商界的触动很大，德国的企业家们开始反思质量对于产品的重要性，他们将"用质量竞争"作为企业发展的首要目标，提出"占领全球市场靠的是质量而不是廉价"的口号，同时加大创新力度，严把产品的质量关。德国政府也表明了姿态，表示要与社会各界齐心协力改变制造业的这种状况。在政府与全社会的共同努力下，德国工业产品的质量有了明显提升，由假冒伪劣转向创新尖端。在这个过程中，德国的工匠精神觉醒，发扬工匠精神慢慢地成为德国社会的共识[③]。

在洗刷掉之前的耻辱之后，德国继续沿着既定的质量之路与工匠之路前行，不仅博采世界各国所长，还制定了一系列制度和政策，帮助企业提高产品质量。为了扶持处于德国制造业主体地位的中小企业的发展，确保其产品的质量，德国分别于 1878 年、1897 年和 1908 年三次修订关于手工业法律的修正案，在法律上赋予手工业者一定的特权。通过建立限制竞争的法律条款，手工业者专注于产品质量的钻研

---

① 槐艳鑫，胡沛赟. 德国工匠精神的历史演变、文化基础及对我国的启示[J]. 上海市经济管理干部学院学报，2020，18（4）：35-36.

② 同①。

③ 同①。

与攻关，全面提升中小企业的产品竞争力。经过二三十年的持续努力，"以质取胜""讲究品牌效应"逐渐成为德国工商业界的共识，德国政府也持续性地在法律、制度和职业教育等领域出台政策予以保障。在这个过程中，工匠精神逐渐成为德国民族文化的重要组成部分，成为渗入民众的制造业所要遵循、内化和践行的基因。此后，虽然德国经历了两次世界大战，政权更迭、国体转变和版图变动的动荡，以及商业变革、科技革命和全球化浪潮的时代变化，但德国的工匠精神始终根基稳固、历久弥新[①]。

2. 德国工匠精神的主要特征

1）严格严谨

德国人的严格严谨举世闻名，在生活中，他们遵守时间和各种规则；在工作中，他们心无旁骛，严格按照标准推进每项工作。德国人的"严格严谨"的形成有地理环境影响和普鲁士精神影响两个方面的原因[②]。在地理环境方面，德国所处的纬度较高，常年光照不足，这样的生存环境使得德国人需要经常抵御严寒，于是在漫长的历史发展过程中，他们逐渐形成了谨慎、自省、严肃和保守的性格特点。在普鲁士精神方面，在威廉一世时期，普鲁士发展成了一个高度集权的专制国家，这个时期形成了军营式纪律的普鲁士精神，后来俾斯麦把这种精神发挥到了极致。久而久之，普鲁士精神不仅孕育出了德意志文明，也深入了每个德意志人民的心中。在德国人的工匠精神中，严格严谨表现为在每件产品的设计、生产、销售和售后服务等环节都严格按照相关标准进行操作，不会厚此薄彼、顾此失彼，不会随意调整和降低标准。

2）精益求精

德国工匠在生产过程中，之所以要对产品进行精益求精的处理，主要是因为受到宗教和资源两个因素的影响。德国人在中世纪的行会里形成了勤勉、守纪、高效、重质的工作观，马丁·路德发起的宗教改革运动及后来的路德派的职业思想，即极其安心于本职工作、不过分注重职业的形式等主要观念极大更新了德国人的工作观[③]。另外，德国国土面积不大，人口也不多，自然资源比较贫乏，很多原料和能源都依赖进口。正因为如此，德国的市场规模比较小，为了在国内外市场竞争中胜出，德

① 徐春辉. 德国"工匠精神"的发展进程、基本特征与原因追溯[J]. 职业技术教育，2017，38（7）：75-76.

② 佚名. 走进德国：细节决定成功，渗透在德国人骨子里的严谨[EB/OL].（2021-06-04）[2022-07-20]. https://baijiahao. baidu.com/s?id=1701619633838792490&wfr=spider&for=pc.

③ 钱宇虹. 德国工匠精神的文化基因分析[J]. 中小企业管理与科技（下旬刊），2016（10）：70.

国企业逐渐摸索出了一条适合自己的发展道路，那就是通过不断地提升技术能力和服务能力来提高产品和服务的质量，从而赢得客户，也正是在这个过程中，在对设计、加工等能力的持续深度化的追求中催生了德国的工匠精神①。德国以家族为主的中小企业形式也是形成精益求精的工匠精神的重要因素。以家族为主的中小企业长期专注于某一产品的制造、打磨、更新、创新，工匠可以毕其一生打造一件精品，然后代代相传、维持水准，外界社会环境与行业环境变化对其专注于产品研究的影响不大②。德国工匠的这种精益求精的工匠精神不仅有着强大的自律性，还有着有效的传承性，它对于长期维持产品的高品质十分有利，这也是德国工匠精神有别于其他国家工匠精神的一个重要方面。

3）品质至上

品质至上是指将品质作为好产品的主要衡量标准，不盲目追求产量上的扩张，不断钻研、提高产品品质，以获得产品的长远发展。对于德国企业来说，坚持品质至上并不只是挑出不合格的产品或者提供产品维修服务，而是自始至终地将质量意识和规范融入整个产品生产和开发流程③。"不因材贵有寸伪，不为工繁省一刀"和"对产品缺陷零容忍"是德国企业坚持品质至上的生动体现。这受益于各行各业工匠所传承的以品质至上等为特征的工匠精神，德国制造业从最初的技术模仿到自主创新，从追赶英美到跨越式发展，最后自成体系，成为欧洲经济的"火车头"。2023年，德国国内生产总值（gross domestic product，GDP）总量约为 4.47 万亿美元，位居全球第三，德国成为欧盟的经济发动机。另外，德国在工业、制造业、服务业三项排名中均为第一。奉行"产业立国"的德国，制造业在对经济的贡献中占比很高，有着众多实力强劲的工业企业，如汽车业的大众、奔驰、宝马，全球电子电气工程领域的领先企业西门子，光学工业的徕卡、蔡司，以及制药业的拜耳，等等，堪称世界级的工业强国。这对于自然资源贫乏、人口只有 8000 多万的德国来说十分难能可贵，即便是自然资源丰富、人口众多的大国，也难以望其项背。在坚持品质至上的过程中，德国企业虽然付出了材料和时间成本，损失了产量，但收获了高口碑和高回报。更为重要的是，这一观念成为德国企业的工匠广泛遵循的价值准则，成为德国制造业持续发展的重要支撑力量。

---

① 田志勇. "工匠精神"在德国能够兴起的三点原因[J]. 中国纤检，2016（8）：卷首语.
② 徐春辉. 德国"工匠精神"的发展进程、基本特征与原因追溯[J]. 职业技术教育，2017，38（7）：76.
③ 张宇，邓宏宝. 德国工匠精神的发端、意蕴及其培育研究[J]. 成人教育，2022，42（6）：90.

3. 德国工匠精神的经验与启示

1）通过实行社会市场经济制度营造了健康的市场环境

德国的经济体制实行的是社会市场经济制度，其核心是竞争自由与社会公正原则的结合，这种经济体制实质上是一种在生产资料私人占有前提下国家有所调节的市场经济①。一方面，健康的市场环境维护了良好的竞争秩序。德国经济的发展重点是中小型企业，政府的立法和竞争政策的实施，限制了市场的垄断行为，保护了中小企业的发展空间和活力。合理的市场结构，促进了德国特色制造业和家族企业的传承和壮大，极大程度保留了德国产品精工细作的高品质和科技含量，为培养工匠和继承工匠精神提供了重要环境。另一方面，社会市场经济制度下的特色企业制度让员工获得了归属感。德国公司实行双级领导制和员工共同决策制。双级领导制通过对高层的监督权与执行权的分化，实现对高层权力的监督和制衡，保证企业运行的科学和民主，降低企业的管理风险。员工共同决策制充分尊重员工的主体地位，加之德国 30 多万个具有高度统一性和自治性的行业协会，通过在政府、议会间协调，参与有关质量政策的立法，为企业提供各种咨询，开展行业普查，监督企业的经营合法性、跟踪调查企业的质量信用状态并提出相应策略②。这些举措都极大维护了工匠们的合法权益。充分的自主权和强烈的归属感使员工更加专心工作，自觉自愿为企业贡献聪明才智，将工匠精神发挥到极致。

2）通过教育分流、"双元制"职业教育和学徒制培养了大批高素质产业工人

德国的教育体系通过教育分流、"双元制"职业教育和学徒制不断地为制造业提供具有遵守秩序、追求效率、重视品质、艰苦奋斗等工匠精神，并将创新、高效、品质、勤奋等价值观根植于心的工匠人才③。首先是教育分流。在德国的教育体系中，会对学生进行两次分流，第一次是在小学毕业时，第二次是在初中毕业时。动手能力强、文理能力强及个人能力介于二者之间的三类学生，在两个分流点分别根据自己的特点选择进入适合自己的学校接受教育。其次是"双元制"职业教育。"双元制"是一种校企合作共建的办学制度，即由企业和学校共同担负培养人才的任务，按照企业对人才的要求组织教学和岗位培训。职业学校主要传授与职业有关的专业知识；企业或公共事业单位则组织学生在企业里接受职业技能方面的专业培训。经过第二

---

① 李工真. 德意志道路：近代化进程研究[M]. 武汉：武汉大学出版社，2005：90.

② 徐春辉. 德国"工匠精神"的发展进程、基本特征与原因追溯[J]. 职业技术教育，2017，38（7）：78.

③ 同②。

次分流后,每年有75%以上的初中毕业生直接进入企业培训机构接受职业技术培训,并被送入专门的职业学校学习基础知识。这部分学生的智力特点适合接受职业教育,因而在"双元制"职业教育中,他们不仅接受专业理论和技能的训练,还在丰富的实践中不断感受企业对技术和细节的追求,不断培养与升华自己的工匠精神。再次是学徒制。学徒制使得学生对于技术技能的学习有一个循序渐进的过程,培养学生对待产品严谨严格、注重细节、吃苦耐劳的精神。德国的学徒制已经非常成熟,一般学生在正式上岗之前不但要接受至少3年的学徒训练,而且要获得相应的职业培训资格证书[①]。

3)通过实行标准化体制保障了德国制造的品质

产品标准化建设是构筑德国制造核心竞争力的法宝。德国主要的标准制定组织是德国标准化学会(Deutsches Institut für Normung,DIN),于1917年成立于柏林。DIN是一个具有德国特色的"准政府机构",具有绝对的权威并享有事实上的法律约束力。1998年,共设有标准委员会88个,工作委员会4600个。全国约有30 000人参加各级技术机构的活动。DIN开发的标准中有90%以国际通用为目的。每年DIN都要发布德国和国际通用的技术标准汇总报告。在国际标准化组织(International Organization for Standardization,ISO)制定的国际标准中,有不少是由DIN推荐的,它在德国整体经济建设中有着不同寻常的重要意义,将近70%的国际机械标准是以德国的DIN标准为依据的。严谨、系统、高端的标准使得精确主义的思维深入德国人的头脑,内化为德国制造的精神内涵和人文品质。

2.3.2 日本工匠精神简述

1. 日本工匠精神的发展历程

5~7世纪,中国的器物与相应的技术、宗教、思想、制度传入日本,这为日本工匠精神的形成提供了物质基础和技术前提。在奈良时期(710~794年)、平安时期(794~1192年),传承中国传统物质与精神文明的日本工匠群体拥有较高的社会地位,他们具有很强的自我身份认同感与职业自豪感,这是由于日本民众对中国文明特别是中国技术与工具中"超自然"力量的崇拜。在这一时期,原料一般由订货方提供,工匠运用自己所拥有的技术和工具从事加工与生产,从而获得工钱,这样

---

① 徐春辉. 德国"工匠精神"的发展进程、基本特征与原因追溯[J]. 职业技术教育,2017,38(7):79.

的制度对工匠精神的萌生有积极的推动作用。另外，这一时期的日本贵族群体对工匠及其技术抱有极大兴趣，他们用语言和图像的方式对为自己服务的工匠阶层进行描绘，这对工匠精神在日本的萌生也起到了一定的促进作用①。

12 世纪后期至 14 世纪，在中国手工业技术与精美工艺品及先进技术大量输入、市民生活方式不断渗透的影响下，日本社会分工得以深化，手工业工种大量增加并细化，手工业匠人结成"座"这一行业工会组织，工匠虽然隶属于领主，但整体而言已经有经营和生活的保障。随着手工业的发展，日本工匠的群体意识和自我认同感增强，工匠精神初步形成②。

在较为安定的江户时代（1603～1868 年），在儒学普及、"士农工商"四民阶层身份与职业分工逐渐固化的过程中，工匠职业的神圣性逐渐淡化，大部分工匠成为四民中的"草根"阶层，日本工匠精神随之趋于世俗化并得以确立。

在江户时代确立的日本工匠精神，其基本价值与制度源于强调敬业及敏求的"家职伦理"。敬业是由于"业"乃"家"长久存续之道，敏求则是"勉力以求"之意，而其终极追求的"天道奉公"，既符合尊崇自然的"天人合一"理念，也是工匠共同体意识的根源，具有强烈的"家国观念"指向。工匠精神首先影响了武士阶层，由于出身工匠或者乐于匠事，知识阶层、上层武士与工匠互动频繁。在知识分子的教化与肯定，以及对匠艺活动和匠人精神的推崇之下，工匠形象在各种书籍、浮世绘画作、落语等庶民艺术中脱颖而出，成为江户人的代言。工匠精神在江户时代得到普及并开始泛化，这对于近世乃至当代日本人的身份建构都产生了重要影响③。

明治维新之后，日本近代工业文明得到发展、"日本制造"在国际上声名鹊起始于 19 世纪后半叶，以"殖产兴业、文明开化、富国强兵"为基本国策的明治政府大力扶持主要以丝织业等轻工业为代表的产业发展。在这一学习并引进先进技术的过程中，积极模仿、锐意创新的工匠精神也得到了发扬，其中工匠学徒制所承载的"家职伦理"，即以"职域奉公"、为国家勤勉工作的劳动"天职"观占有重要地位。在第二次世界大战结束后的 20 余年里，日本积极向欧美国家学习产业发展，并通过模仿取得了进步。在此过程中，日本企业将传统工匠精神渗入经营模式，尊重技术员工，对科技进行大量投入，积极发挥学徒制在当代制造业中的作用，并在以市场为

---

① 周菲菲. 日本的工匠精神传承及其当代价值[J]. 日本学刊（6）：135-159.

② 同①。

③ 同①。

中心的大规模生产中创新性地发扬工匠精神的"天人合一""以人为本"的观念。

近二十年来，日本的工匠精神在制造业民族主义与名利观、僵化的体制和扭曲的实践能力观的共同作用下走向"失落"，导致"日本制造"与互联网、智能硬件市场擦肩而过，错失发展良机。面对中国和韩国日益崛起的制造力量，"日本制造"品牌独揽风光的势头渐微。

2. 日本工匠精神的主要特征

1）安分淡然

在"适得其所，各安其分"思想的深远影响和学徒制修身养性般的长期训练下，日本的工匠形成了安分淡然的性格，他们能够直面寂寞、持之以恒地钻研技术技能，不求快，不求全，不因外在环境的改变而轻易调整自己的工作节奏，对自己的工作表现出极大的耐心。这样的性格使他们能够全身心地投入技术钻研中，即使在成为名匠之后，也不单纯追求规模扩张和利润增长，而是将注意力完全集中于产品质量[①]。

2）崇尚极致

日本的工匠以完美和极致为荣，他们对于极致的追求近乎偏执。他们大多一生只专注于一件事、制造一种产品，安于其位，专于其业，对工作极度忠诚与认真，他们对手艺的熟练和精巧有着严格的自律，绝不让有瑕疵的产品下线或上市；他们关注于传统工艺技术的升级改造，倾尽全力甚至不惜代价地钻研传统技术的新高度，对于本国的工艺技术水准有着满满的自信，并致力于让每项指标都达到世界第一；他们追求在精神世界上与产品制造合二为一，在塑造产品的过程中，有"不做第一、不达到最高境界誓不甘休"的劲头[②]。因而在为世界各国企业提供高技术、高质量的零部件、原材料及新商品的中高端复杂加工服务的机构中，规模不大的日本中小企业能够占到非常大的比例甚至在某些领域居于首位。

3）心怀顾客

在进行产品开发与制造时，日本工匠以用户的舒适感为出发点；在产品设计、使用和后期改造过程中，工匠充分吸纳顾客的意见。在产品设计阶段，企业研发部门首先会从顾客、消费者的角度考虑，思考产品能否吸引顾客的注意，能否为顾客带来更便利的服务，能否节约顾客的时间与经济成本，能否使顾客在使用产品的过

---

① 罗春燕. 日本工匠精神的意蕴、源起、缺陷与启示[J]. 职业技术教育，2018，39（18）：69-70.
② 同①。

程中有更深层次的温暖感和愉悦感；在产品使用阶段，出现任何问题、顾客对产品有任何不满意的地方，工匠一般会细致入微地提供售后服务，并不断收集顾客对产品的意见与建议；在产品后期改造阶段，工匠会尽量进行修正与完善，力争让顾客达到百分之百的满意。

3. 日本工匠精神的经验与启示

1）加大对中小企业和个体经营者的支持力度

日本政府制定了很多对工匠和中小企业有利的政策，这些政策使得工匠及其工作的中小企业能够专注地致力于技术的研发与产品的制作，其工匠精神在此过程中得以磨炼与发展。例如，在政策法规方面，日本制定了《文化财保护法》，将手工艺作为无形文化财产（也就是通常所说的非物质文化财产）进行保护，其传承者受到人们的尊重，有的甚至被尊称为"人间国宝"；在企业管理制度方面，日本企业尤其是大企业在第二次世界大战后基本形成了以终身雇佣制、年功序列制和企业内工会制为主的制度体系，这样的企业制度将员工与企业终身捆绑在一起，它一方面有助于为员工提供一个稳定的工作环境，培养他们的团队精神和忠诚度，另一方面有助于员工将注意力集中于特定岗位技术的锻炼与打磨，将工艺技艺不断传承下去。在日本，体力劳动者的收入与脑力劳动者的差距不大，一个高级技师的工资足以养家糊口，因而他可以将注意力集中于本职工作而不必通过额外的工作赚钱养家。为了保持中小企业的活力与技术能力，日本政府建立了一整套法律法规体系、宽松的融资政策、财政税收优惠政策及鼓励中小企业技术创新政策，这就给予了中小企业足够的发展空间，让其能够专注地致力于技术钻研而不用担心生存问题。

2）国民劳动教育体系丰富

日本的基础教育和职业教育都对工匠精神的培育具有积极的影响。在基础教育方面，日本从小学阶段就开始通过家政课等课程培养孩子的动手能力和一丝不苟的做事态度。日本于 2002 年在中小学增设了"综合学习时间"，学校通过组织学生参观民间艺人的手工作坊等活动，增进他们对当地传统文化和民俗艺能的了解，培养他们对"职人"的理解与尊重。在职业教育方面，日本的职业教育体系主要由学校职业教育、企业内部职业训练和公共职业训练机构职业训练三个部分组成。职业学校开设的专业就业针对性强，课程多为实践性课程，教师多为工厂技师，他们在教授技能的过程中逐渐培养了学生精益求精、精雕细琢的工匠精神。企业内部职业训练在日本已非常成熟，多数企业有着属于自己的职业教育体系，主要体现在学生完成高中教育后，企业会从高中毕业生中选择一部分学生，对其进行一系列培养，使其能够成为企业所需要的技术工人，甚至一些中小规模的企业也有自己独特的学生或员工培养制度。这类职业教育使专业人才的培养更加迎合市场导向，有助于培养学生精湛技艺、持续专注等工匠精神，同时解决了企业对人才的需求。此外，在日本职业教育中，公共职业训练机构也会发挥积极的作用。学校职业教育、企业内部职业训练和公共职业训练机构职业训练三者结合，为日本各行各业培养了大量具有一定工匠精神的从业者，并对提升从业者的工匠精神产生了积极作用。

2.3.3　瑞士工匠精神简述

1. 瑞士工匠精神的发展历程

瑞士是一个国土面积只有 4 万多平方千米的山地小国，在自然资源匮乏，能源、工业原料主要依靠进口的情形下，不走寻常路，将能工巧匠塑造成了国家名片，成为世界"创新之国""工匠之国"，最负盛名的就是其钟表业。目前，世界公认的十大顶级名表品牌百达翡丽（Patek Philippe）、爱彼（Audemars Piguet）、宝珀（Blancpain）、江诗丹顿（Vacheron Constantin）、伯爵（Piaget）、积家（Jaeger-LeCoultre）、芝柏（Girard-Perregaux）、宝玑（Breguet）、卡地亚（Cartier）、劳力士（Rolex），除了卡地亚不是瑞士生产，其他都属于瑞士生产，像百达翡丽更是公认的世界顶尖的手表品牌。为了得到一只完美的复杂功能表，收藏家们甚至要苦等数年[①]。一部瑞士工匠精神的发展史可谓一部瑞士钟表业的发展史，传承百年的品质钟表制作集中体现了瑞士工匠精神所具有的坚定执着、精益求精、开拓创新的精神内核。

据文献记载，13 世纪末英国或意大利北部出现第一台机械钟表，瑞士并不是钟表的起源地。1517 年，马丁·路德发起的宗教改革运动席卷欧洲，法国新教胡格诺派和天主教之间也爆发了宗教斗争，胡格诺派教徒纷纷迁至瑞士日内瓦，在另一位宗教改革家约翰·加尔文的领导下，日内瓦逐渐成为当时欧洲宗教改革的中心。加尔文的宗教教义提倡节俭，反对奢侈，禁止信徒佩戴珠宝首饰。为此，日内瓦当地的金匠和珠宝匠人为了生存，纷纷转行。由于从法国迁来的教徒中有不少身怀绝技的制表工匠，于是瑞士当地的首饰加工技艺就与来自法国的制表技术结合在一起，产生了钟表业。新生的钟表业很快就发展成为一门新兴的、独立的手工行业，风靡

---

① 吴国良. 工匠精神：穿越千年的匠心传承[M]. 北京：石油工业出版社，2019：79.

瑞士的日内瓦地区[①]。

20 世纪 70 年代，日本人率先将石英表工业化生产，它以超级廉价和轻便的优势，对瑞士传统的机械表构成致命的打击。在多方面因素的作用下，在短短的六七年里，瑞士传统机械表遭遇了一场灭顶之灾，2/3 的钟表业岗位消失，超过一半的钟表制造公司破产，大量的瑞士钟表品牌消亡，瑞士钟表在世界市场的占有率从 43% 下降到不足 15%。当时有很多人认为瑞士钟表特别是机械表的末日已经降临。然而，瑞士钟表专注于升级。瑞士钟表企业除了坚守传统和品质两大固有内在价值，还不断革新技术，先后推出了一系列新款，并且把机械表的厚度降到了毫米级。经过 20 多年的努力，瑞士钟表终于走出了低谷，瑞士于 1994 年重新回到世界钟表制造大国第一的位置[②]。

2. 瑞士工匠精神的主要特征

1）坚定执着

钟表制造业是很多瑞士人赖以生存的行业，在发展顺利时，大多数瑞士钟表业从业者思考的不是如何赚更多的钱，而是如何把自己的技艺和事业传承下去，因而工龄长达几十年的老工匠在这个行业很常见，也有很多匠人之家几代人传承一门手艺或者经营一个小作坊；现有的钟表品牌基本上都有上百年的历史，而成为世界名表一线品牌的钟表，其历史则基本上都超过了两百年。在发展不顺利时，如 20 世纪 70 年代的"石英危机"时期，由于便宜、轻便的日本石英表大举进攻钟表市场，瑞士传统机械表遭遇了前所未有的危机，有超过 10 万名钟表业从业者失业，即便如此，瑞士钟表工匠们也没有随波逐流，他们专注于自身的升级，以渗透于国民性的、近乎偏执的忠诚，始终坚持精造手工机械表，在经历了 20 多年的发展进步之后，他们不仅走出了低谷，还迎来了钟表业空前的繁荣[③]。

2）精益求精

瑞士钟表业从业者所制造的钟表，特别是那些顶级钟表，不仅是准确的计时工具，还是精美的工艺品，更是佩戴者财富和身份的象征。为达到细节上的完美，一

---

① 李学华. 雕刻时光[N]. 经济日报，2022-06-19（12）.

② 同①。

③ 王光庆. 由瑞士制造对工匠精神的思考：代中组部第五期中瑞项目甘肃子项目"第二期兰白科技创新改革试验区科技金融人才培训项目"学习报告[J]. 天水行政学院学报，2017，18（2）：125.

块钟表只有经过成百上千道工序的紧密衔接和精密配合才能完成，其间从机芯到表壳，包括基础零件制作、机芯组装、珠宝镶嵌、珐琅漆艺、抛光打磨等每个细节都由手工完成，不求数量、不赶时间、不逐名利，行业大师级制表师将其一生献给了制表流程的每道工序，这才成就了艺术精品，而非实用品。

3）开拓创新

在瑞士工匠精神的三个特征中，精益求精是坚定执着的必然结果，而开拓创新则为精益求精的制表工艺开辟出巨大的发展空间，它甚至被称为瑞士工匠精神的精髓[①]。为了让顾客获得更好的体验，瑞士钟表工匠不仅不断雕琢产品，还不断完善制造工艺。1777年，亚伯拉罕-路易斯·伯特莱制造的机芯出现了自动上弦装置，为后来自动机械表的发展奠定了基础；1795年，路易·宝玑发明了一种精巧绝伦的钟表调速装置——陀飞轮；几百年来，瑞士钟表工匠一直不断地开拓创新，发明了升级版的陀飞轮、万年历、三问报时、两地时、月相、中华年历表等很多极其复杂的制表工艺[②]。凭借他们的不断努力，瑞士钟表为全世界钟表爱好者提供了与众不同的体验，使得瑞士钟表深受欢迎，长期位居世界钟表行业前列。

3. 瑞士工匠精神的经验与启示

1）学徒制职业教育育工匠

在瑞士，学徒制职业教育已传承了百余年。政府平均每年都会投入30多亿瑞士法郎（按照当前的汇率，合200多亿元人民币）支持职业教育发展，学生如果选择到职业学校就读，不仅不用花钱（在瑞士上普通高中需要交学费），还能在获得职业技能和工作经验的同时赚钱[③]，因而初中毕业后，75%的人会根据兴趣选择职业学校，成为学徒。初中毕业生进企业当学徒在瑞士不仅合法，还是必须完成的任务。因为学生进入职业学校前必须找到一份学徒工作，这是入学的先决条件。进入职业学校后，一旦上学期间被招工方解除学徒合同，又不能在3个月内重新找到学徒工作，就必须离开学校。职业学校采用半工半读模式，即每周有两天时间在学校里学习理论课程，另外三天则在学徒岗位上接受职业技能培训。职业学校的成绩考核非常严

---

① 佚名. 瑞士以"工匠精神"登上世界钟表业顶峰[J]. 中国商界, 2017（3）：125.

② 王光庆. 由瑞士制造对工匠精神的思考：代中组部第五期中瑞项目甘肃子项目"第二期兰白科技创新改革试验区科技金融人才培训项目"学习报告[J]. 天水行政学院学报, 2017, 18（2）：126.

③ 吴国良. 工匠精神：穿越千年的匠心传承[M]. 北京：石油工业出版社, 2019：81.

格，理论知识和企业工作实践各占 50% 的比重。如果学校考试未通过，或是学徒期导师不认可，学生就会面临补考、降级甚至拿不到毕业证的严重后果。为切实提高教学质量，职业学校的很多教师都是由行业内的资深人士兼任的，既有手艺高超的前辈匠人，也有知名学府的理论专家。这些兼任教师都非常重视这项授课任务，通过口传心授，既传授技艺，也传递耐心、专注、坚持、精益的工匠精神。瑞士的人均专利数居世界第一，这与学徒制培养模式密不可分。学生选择职业教育是因为兴趣和热爱，所以才会投入、坚持并善于思考、勇于创新。

2）尊重工匠的社会氛围浓厚

瑞士的"蓝领"地位较高。在瑞士，一位技艺精湛的专业工匠，其收入和地位与医生和教授相当。在整个教育体系中，没有等级之分，毕业文凭也不分高低。"蓝领"和"金领"同样赢得社会的尊敬，皆被视为成功人士。因此，在瑞士，很多入学的大学生在发现专业不合适后，会坦然地转入职业学校。学生在不同教育轨道之间进行转换是一件普通的事情。推崇技术，尊重匠人的风气，使得瑞士民众有强烈的终身学习意识，即使是四五十岁的业内资深人士，也会不定期进行职业充电，甚至考取职业教育的相关文凭。在良好社会氛围的作用下，选择工匠道路、培养工匠精神成为瑞士人一种通向美好生活的明智选择，这对于瑞士工匠精神的发扬极为有利。

"顶级木工"秋山利辉

秋山利辉是日本著名家具厂家秋山木工的创办人、代表理事。他于 1971 年创办秋山木工有限公司，该公司被誉为当代工匠精神的代表企业，其订制家具常见于日本官内厅、迎宾馆、国会议事堂、知名大饭店等重要场所。秋山利辉认为，一流的匠人，人品比技术更重要，如果人品达不到一流，无论掌握多少高超的技术，都无法称得上是秋山木工的一流工匠。由于不仅具有精湛的木工工艺水准，还有着独特的匠人培育方式，秋山利辉被誉为日本"顶级木工"。

熟　能　生　巧

1944 年，秋山利辉出生于日本奈良县农村，他们家当时经常陷入吃不上饭的窘境，上学对他而言更是困难重重——没有书和本子，也没有铅笔。由于学习条件不好，秋山利辉是班上学习成绩最差的学生，但是他的画画能力和动手能力很强。在看村里的木匠等工艺匠人工作一段时间后，秋山利辉就可以自己动手做一些简单的木工活。

上小学四年级时，在帮助同村一位老婆婆做了一个木架子后，村里陆续有一些人来找秋山利辉做一些自己家里的木工活。由于挣到的钱能够贴补家用，秋山利辉很积极地接下木工活。由于接的活儿很多，熟能生巧的秋山利辉的木工技艺进步很快。上中学以后，秋山利辉的手工技艺又有了进一步的提高。在这一时期，他制作的鸟笼、房屋和船三个小作品得到了老师、同学等很多身边人的夸奖，村里的老人们认为秋山利辉很有做手工的天分，说他将来"可以去当木匠"，于是当木匠就成了他的梦想。

16岁时，一次偶然的机会，秋山利辉看到了一所职业学校的招生信息。由于这所学校不仅有助于他实现"当木匠"的梦想，还可以免费学习一年，秋山利辉当即就去职业学校报到。毕业后，在专业上表现优异的秋山利辉去了大阪，此后的11年间，他先后在4家家具公司做学徒，积累了丰富的工作经验，甚至可以承接日本皇室制作家具的任务。27岁那年，他和两位朋友合作创立了秋山木工公司。经过多年的努力，这家公司成了日本拥有顶级质量的、首屈一指的家具公司，向其订制家具的客户遍及日本各个阶层，包括日本皇室。

匠 心 传 承

秋山木工为外界称道的除了其家具，还有其附属秋山木工学校的匠人培养制度。

为了培养一流的家具匠人，秋山利辉制定了独特的"匠人研修制度"。每名进入秋山木工学校的学员，都需要经过"一年见习、四年学徒、三年工匠"的学习过程。第一年的见习是初步考验，在整整一年的学徒见习课程结束后，见习者才能被录用为正式学徒。在四年学徒期间，学徒需要完成生活态度、方法、技术等各个方面的基本训练及工作规划、匠人须知等方面的学习，唯有在技术和心性等方面磨炼成熟者，才能被认定为工匠。在三年的工匠培养期间，学员需要一边工作一边继续学习，以进一步提升自身的技能和素质。八年学习期结束，学员如果完全具备一流匠人的所有素质、成为能够独当一面的真正工匠，就可以从秋山木工学校毕业、独立出去闯荡世界。

在秋山利辉对学员的评价中，技术占 40%，品行占 60%。他在学员的工资中也体现了这一标准，技术工资占 40%，人品工资占 60%。秋山利辉认为，技术很容易被超越，而精神不会轻易被模仿；要做出让人感动的东西，就要有一流的精神。为了让学员理解"一流的工匠"的概念与内涵，秋山利辉整理出了"匠人须知 30 条"，其具体内容如下。

（1）进入作业场所前，必须先学会打招呼。

（2）进入作业场所前，必须先学会联络、报告、协商。

（3）进入作业场所前，必须先是一个开朗的人。

（4）进入作业场所前，必须成为不会让周围的人变焦躁的人。

（5）进入作业场所前，必须能够正确听懂别人说的话。

（6）进入作业场所前，必须先是和蔼可亲、好相处的人。

（7）进入作业场所前，必须成为有责任心的人。

（8）进入作业场所前，必须成为能够好好回应的人。

（9）进入作业场所前，必须成为能为他人着想的人。

（10）进入作业场所前，必须成为"爱管闲事"的人。

（11）进入作业场所前，必须成为执着的人。

（12）进入作业场所前，必须成为有时间观念的人。

（13）进入作业场所前，必须成为随时准备好工具的人。

（14）进入作业场所前，必须成为很会打扫整理的人。

（15）进入作业场所前，必须成为明白自身立场的人。

（16）进入作业场所前，必须成为能够积极思考的人。

（17）进入作业场所前，必须成为懂得感恩的人。

（18）进入作业场所前，必须成为注重仪容的人。

（19）进入作业场所前，必须成为乐于助人的人。

（20）进入作业场所前，必须成为能够熟练使用工具的人。

（21）进入作业场所前，必须成为能够做好自我介绍的人。

（22）进入作业场所前，必须成为能够拥有"自豪感"的人。

（23）进入作业场所前，必须成为能够好好发表意见的人。

（24）进入作业场所前，必须成为勤写书信的人。

（25）进入作业场所前，必须成为乐意打扫厕所的人。

（26）进入作业场所前，必须成为善于打电话的人。

（27）进入作业场所前，必须成为吃饭速度快的人。

（28）进入作业场所前，必须成为花钱谨慎的人。

（29）进入作业场所前，必须成为"会打算盘"的人。

（30）进入作业场所前，必须成为能够撰写简要工作报告的人。

"匠人须知 30 条"既是秋山学徒的"做事须知"，更是"做人须知"。八年学习期间，学员每天都要朗诵"匠人须知 30 条"。另外，当有客人来访时，学员也会被要求当着客人的面朗诵。通过反复的朗诵，学员会在不知不觉中按照"须知"去行动。

（资料来源：秋山利辉. 匠人精神：一流人才育成的 30 条法则[M]. 陈晓丽，译. 北京：中信出版集团，2015.）

第3章

工匠精神的当代价值

观点精要 　当前，我国正处在从工业大国向工业强国迈进的关键时期，培育和弘扬严谨认真、精益求精、追求完美的工匠精神，对于建设制造强国具有重要意义。新时代呼唤工匠精神，中国作为世界第二大经济体，国民经济已进入高质量发展阶段，以精益求精为重要特征的工匠精神强势回归，对处于转型期的中国经济社会而言显得尤为必要。弘扬工匠精神是践行社会主义核心价值观、塑造民族精神、培育职业道德、提升中国质量的内在需要，也是"中国制造"迈向"中国创造"的"强心剂"，更是实现中国梦的助推器。

3.1　工匠精神助力中国梦实现

工匠精神作为中外优秀传统文化的重要组成部分，集中反映了人们对更优产品、更高品质、更好生活的追求，不仅应成为各行各业的实践参照，也应成为全世界人民崇尚的精神风貌，更应成为中国梦实现的动力源泉。

作为我国当前的重要指导思想和重要执政理念，"中国梦"是 2012 年 11 月 29 日习近平总书记带领新一届中央领导集体参观中国国家博物馆《复兴之路》展览现场时提出的，被定义为"实现中华民族伟大复兴，就是中华民族近代以来最伟大的梦想"[①]，其本质内涵是实现国家富强、民族复兴、人民幸福、社会和谐，传递的核心理念是个人的幸福是建立在国家发展基础上的，国家发展根本上是为了人民幸福。

---

① 李斌. 习近平：继续朝着中华民族伟大复兴目标奋勇前进[EB/OL].（2012-11-29）[2022-06-14]. https://www.gov.cn/ldhd/2012-11/29/content_2278733.htm.

中国梦具体到社会主义核心价值观，可概括为"富强、民主、文明、和谐，自由、平等、公正、法治，爱国、敬业、诚信、友善"24个字。

中国梦既是民族的梦，也是每个中国人的梦，其落脚点始终在国民素质和竞争力提升上。企业与工匠精神相结合就形成品质、品牌、信誉和信心；个人与工匠精神相结合就形成名匠、大家、大国工匠；政务与工匠精神相结合就能够有效推动国家发展，增进人民福祉；教育机制与工匠精神相结合就能够有效提升人才培养质量[①]。只有当每个中国人在各行各业中成长为才能出众、技艺精湛、执着专注、精益求精的工匠型人才，挺起"中国制造"现代化发展的脊梁，自觉将工匠精神融入国家意志和全民共识，才能汇聚强大的发展合力，激发出无穷的创造活力，共同推动中国梦的早日实现。

3.1.1　强盛国家文化软实力的根本

党的十八大报告指出，全面建成小康社会，实现中华民族伟大复兴，必须推动社会主义文化大发展大繁荣，兴起社会主义文化建设新高潮，提高国家文化软实力，发挥文化引领风尚、教育人民、服务社会、推动发展的作用。这既是基于对现实形势的考量，也是对自身发展现状的深刻反省，更准确地说，是对自身文化观念的再提升。

党的十九大、二十大报告相继提出"弘扬劳模精神和工匠精神""努力培养造就更多大师、战略科学家、一流科技领军人才和创新团队、青年科技人才、卓越工程师、大国工匠、高技能人才"，并将劳模精神、工匠精神纳入第一批中国共产党人伟大精神谱系。从文化的角度和中国发展的现实国情出发，提出了文化兴盛支撑着一个国家、一个民族的强盛，这种文化理所当然包括工匠文化，而工匠精神不仅是工匠文化的精髓，也是中国传统文化的精要，更是社会主义核心价值观的题中之义。

可见，工匠精神作为民族文化的重要组成内容，其复兴和回归既是提高国家文化软实力的根本，更是实现中国梦的内在要求。只有将培育工匠精神与践行社会主义核心价值观结合起来，大力弘扬传统优良文化，厚植工匠文化，不断赋予工匠精神新的时代内涵，在全社会营造"尊重知识、尊重劳动、尊重人才"的和谐氛围，引导每个从业者践行敬业爱岗、精益求精的工匠精神，将无私奉献、创新创造作为

---

① 赵会淑. 工匠精神的内涵及其当代价值[J]. 经贸实践，2018（20）：278.

一种信仰，中国特色社会主义才能有坚实的思想基础和价值支撑，中国梦的实现才能汇聚强大的精神活力。

3.1.2　推动制造强国建设的动能

实体经济是我国经济发展的根基，也是我国在国际竞争中赢得主动的基础。习近平总书记强调，"我国是个大国，必须发展实体经济，不断推进工业现代化、提高制造业水平"[①]。制造业是实体经济的主体，振兴实体经济重在做大做强制造业。一流的制造需要一流的技术，一流的技术需要一流的人才，一流的人才需要一流的精神，社会现代化的核心是人的现代化，基数庞大的产业工人队伍是推动经济发展的主体力量，以工匠精神塑造产业技术工人的优秀品质是推动制造强国建设的内在需要。

如果缺乏有经验的技术工人特别是技师，那么产品的创新设计和制造只能是纸上谈兵。中国制造业加快新旧动能转换的目标就是高质量、高效益、高品位，技术提升的同时，更需要技术技能人才具有精益求精、执着专业、孜孜钻研、不懈创新、诚实守信等工匠精神。工匠精神的核心不仅仅体现在精湛的技术技能上，更重要的是体现在职业精神品质方面的隐性内容上，这些隐性内容是职业人可持续发展的根本保障。

从一列列"和谐号"动车飞驰大江南北，到"复兴号"（图 3-1）引领世界标准，中国高铁已成为中国制造"金名片"。新时代十年，中国高铁从 0.9 万 km 增长到 4.2 万 km，稳居世界第一，高铁网从"四纵四横"扩展到"八纵八横"，通达 94.9% 的 50 万以上人口城市，高铁建设能力、技术水平、装备制造实现世界领先。正是无数的高铁建设者坚守在平凡的工作岗位上埋头苦干、勇毅前行，日复一日，年复一年，克服野外恶劣的工作环境，顶烈日、冒严寒、迎风雨、战冰雪，从技术引进到自我创新，从合作研发到独立自主创新，突破技术上的重重瓶颈，通过极寒、雾霾、柳絮、风沙等环境因素的"淬炼"，制定出属于中国的高铁标准，并逐步将"中国标准"推向"世界标准"。当前有很多人用"高铁精神"形容中国的高铁制造，"高铁精神"包含了持之以恒、追求卓越、精益求精、用户至上等精神品质，其本质就是工匠精

---

① 佚名. 习近平在广西考察时强调：扎实推动经济社会持续健康发展[EB/OL]. （2017-04-21）[2022-06-14]. http://www.xinhuanet.com/politics/2017-04/21/c_1120853744.htm.

神，是中国高铁制造前行的精神源泉，是企业竞争发展的品牌资本，是员工个人成长的道德指引。正是一群优秀的铁路工匠在背后默默用智慧和努力，使中国高铁列车制造实现高质量、高效率，并逐步走向国际舞台。[①]

图 3-1　"复兴号"动车组列车

3.1.3　重塑国民性格的需要

弘扬工匠精神对于营造劳动光荣的社会风尚和精益求精的敬业风气，重塑坚韧不拔的国民性格具有重要的意义。国民性格是指现代国家范围内共同居住的大多数成员在长期历史生活中所形成的普遍的、独特的和相对稳定的文化、社会心理、行为方式特征及其时代变动规律和特点的总和[②]。它由许多方面的意识和行为指向综合而成，背后与某一种基本的价值取向联系在一起。例如，纪律性强的个人或一群人必然有着共同的对秩序高度遵守的基本价值观。可以说，国民性格是国民整体素质的反映，是国家发展程度的体现，更是国家历史文化的积淀，与国家精神文明程度紧密相关。

国民性格的培养是一项长期而系统的工程，只有符合民众的利益诉求，把握国家和时代发展的需要，完善思想教育机制，才能从思想的深层启发并引导民众认可

---

① 宋向乐. 聚焦 2023 全国人代会|现代农机、装备制造、高铁物流、大家居 代表们心中的现代化产业体系是什么样的？[EB/OL].（2023-03-12）[2023-05-12]. https://3g.k.sohu.com/t/n676850647.

② 潘艳艳. 从《乡土中国》中窥视中国人的国民性格：费孝通《乡土中国》再解读[J]. 出国与就业（就业版），2012（5）：91.

与接受符合主流价值观的行为准则。无论在哪个时期，作为体现国民基本思想认识和行为取向的一些基本价值准则，如热爱劳动、诚实守信、勇于进取、艰苦奋斗等，一直是国民素质教育的重点。随着中国经济步入高质量发展的快车道，社会各界都意识到工匠精神回归的重要性和必要性，其倡导的敬业、爱岗、精益、务实、创新等职业道德素质要求，与社会主义核心价值观相一致，连接着各行各业对优良品质的基本价值追求。在此背景下，国家于 2020 年 3 月就加强新时代大中小学劳动教育提出意见，要求设置包含劳动精神、劳模精神、工匠精神等内容的劳动教育必修课，并对课程形式、课时数提出了要求。可见，加强工匠精神教育，是加强国民素质教育的必然之选，更是顺应时代发展的要求，对于提升国民思想道德水准和综合国力，塑造和培育文化自信具有重要意义。

3.1.4　提高人民生活质量的保证

供给侧结构性改革的根本目的是提高社会生产力水平，并落实以人民为中心的发展思想。随着改革的纵深推进，我国社会主要矛盾已经转化为人民日益增长的美好生活需要和不平衡不充分的发展之间的矛盾。强国重工，民智国强，中国制造不仅仅要注重数量，更要关注质量，还要"智"造。我们不仅需要提升技术含量和创造力，还需要提高产品质量和人民智慧。

产品质量关乎人民身体健康，决定生活品质，但各类添加剂、抗生素、药物残留等食品安全问题令国人严重缺乏食品安全感。国人海外抢购奶粉、药品、奢侈品，传递了部分民众对某些国货制造领域的信任缺失。究其原因，就是中国制造一定程度上靠低劣品质和低廉价格抢占市场，导致有些人一提到国货就会联想到"低质量"。这种状况不仅制约了制造业的生产动能，还阻碍了经济转型。在众多原因中，工匠精神缺失是造成这一困境的根本原因。要树立中国"质"造的"铁板"，必须树立追求卓越、质量第一的工匠精神，实现中国产品向中国品牌转变，打造一流的产业链。同时，国货的强大也能增强国民对国家的信任和对自身身份的自信。从这层意义上来讲，工匠精神在强大制造业的同时也补上了国家缺失的精神之钙。

3.1.5　引领"双创"发展的活力源泉

"双创"旨在激发包括企业、个人、社会组织和各类民间团队的创新、创业和创意热情，而创新正是工匠精神的核心内涵。在数字化、智能化的今天，现代工匠精神不仅仅是简单的重复与坚守，更是改进与创新，包括对思维的创新、对品质的追求和对工作的坚守。为实现从价值链中低端走向高端，工匠精神所蕴含的敬业、精益、专注、务实品质为实现制造企业技术创新、组织创新和商业模式创新提供了不竭动力，通过开展个性化定制和柔性化生产，企业实现了增品种、提品质、创品牌，极大地增强了自身的核心竞争力。双创个体汲取工匠精神蕴含的执着、坚守、严谨、从容品质，不断改进工作方式方法，提高效率，增强发展后劲和活力。正是这种热衷于技术与发明创造的工匠精神推动了我国经济改革和产业升级，将人力资源转换为丰富的人力资本，逐步将"一带一路"倡议、"互联网+"等国家创新驱动战略落地。

3.1.6 积蓄企业无形资产的保障

市场经济即法治经济，也应该是道德经济。工匠精神对道德准则、道德意识（如进取精神、创新精神、契约精神、责任意识等）进行高度概括，在引导社会道德风向和促进经济健康运行方面起着重要作用。工匠精神赋予经济主体正确的价值追求和行为准则，以实现对资源的优化配置。同时，在经济主体交往中，工匠精神所体现的契约精神能够增强彼此的人格可靠性，实现互惠共赢，其内在的思想意识强化作用是其他约束手段难以达到的高度。这种宝贵的精神品质可转化为企业的无形资产，如良好的企业信誉、优质的产品服务、优秀的职业素养等，这些无形资产具备了创造价值的能力，有时带来的商机和商业附加值远胜于有形资产。可见，工匠精神具有强大的打造和积蓄无形资产的能力，大力培育工匠精神可以让企业乃至国家在新一轮经济较量和软实力竞争中胜出。

3.2 新时代呼唤工匠精神

发展始终是我国的第一要务，尽管我国的经济规模已经排在世界第二位，但我国仍然是世界上最大的发展中国家，人均国民生产总值与发达国家相比还存在较大的差距。受全球金融市场波动、贸易保护主义、疫情和战争等诸多不确定因素影响，全球经济增速放缓，未来几年始终会处于一个低水平状态。面对繁杂多变的外部环境，我国经济自 2010 年初期以来，增长率开始逐渐减缓，从高速增长阶段转为中高速增长阶段，国内环境悄然发生变化，以中产阶级为代表的小众化消费群体逐渐占据市场主体地位，"90 后""00 后"年龄段的人群成为劳动主力。经济驱动模式由资本出口向消费和服务业转变，制造业投入更多资金及资源支持科技和创新领域，我国经济正处在转变发展方式、优化经济结构、转换增长动力的攻关期和转型期。只有每个工业领域的建设者都发挥工匠精神，强化技术创新，塑造企业品牌，提供优质服务，将实体经济特别是制造业做实、做强、做优，才能早日建成社会主义现代化强国，支撑起中国梦的实现。

3.2.1　新时代经济社会面临的困境

我国经济经历 40 余年的飞速发展，已缩短了与发达国家的差距，进入中等收入国家之列，基本实现第一阶段的目标任务。然而，纵观全局，我国企业在发展过程中，基于庞大的市场需求，一味地追求速度，走了一条粗放型生产、高资源消耗和重环境污染的快速发展之路。随着全球化的退潮，加之计算、大数据、区块链、物联网、工业互联网、5G、人工智能等新一代信息技术在世界制造业中的应用，以及中国国内劳动力成本上升、原材料上涨和环境污染等因素的影响，中国制造业单靠外延式扩张已无法实现可持续发展，面临诸多困境。

1. 处于产业价值链中低端

我国制造业的整体发展状况，无论是在总量和种类指标上，还是在效益和质量指标上，与改革开放初期相比都有了翻天覆地的改变，但是我国制造业的发展质量与世界制造业强国相比还有较大的差距，"大而不强"是其突出特征[①]。

在国际产业链分工中，高端的企业主要为智力密集型企业，它们进行研发设计、品牌开发和服务，依靠不断创新和无形资产的创造来增加价值，获得的附加值较高；中低端的企业主要为劳动密集型和资源密集型的制造加工及组装企业，它们依赖生产要素的不断投入来驱动经济增长，获得的附加值较低。目前，我国制造业企业仍

---

① 黄群慧. 理解中国制造[M]. 北京：中国社会科学出版社，2019：35-55.

然主要凭借廉价的劳动力和高耗能的生产方式，采取国际代工的模式嵌入全球价值链中低端。有研究指出，我国制造业长期以来处于 U 字形微笑曲线的中低端，存在"三低"现象，即全球价值链嵌入程度较低、价值链地位指数偏低、出口产品的国内附加值低[①]。也就是说，我国制造业在国际产业链中的整体位置偏低，这从结构上降低了我国制造业的发展质量和效益。在资金缺乏、技术和管理水平落后的时期，我国这样做可以吸收全球生产网络中的技术扩散，从而带动国内相关产业的发展和贸易结构的升级，但是大量从事国际代工的中国制造业企业作为全球生产网络中的"外围"者，由于无法获得处于价值链主导地位的跨国公司所掌控的关键技术及终端市场，可能并不能从真正意义上助力我国顺利获得贸易条件的改善和本土产业的升级，反而可能因"低端锁定"效应[②]而陷入"贫困化增长"的陷阱[③]。

我国制造业处于国际产业链中低端并被"锁定"，主要有三个方面的原因：一是国内市场需求低迷，制造业企业创新发展缺乏足够的动力；二是过于依赖国外技术，而且制造业企业的技术吸收能力不足；三是价值链主导国家封锁核心技术，制约了我国制造业企业的技术提升。

2. 关键领域核心技术缺失

关键领域核心技术是制造业发展的基础，其缺失将导致产品出现品质和性能的缺陷。近年来，虽然我国制造业规模一直处于世界首位，发展质量也有了较大的提高，但是自主研发能力仍然落后于发达国家，基础环节技术缺失、基础工艺能力不足、关键零部件等关键制造业基础能力仍然欠缺并严重依赖进口，这导致我国制造能力落后[④]。有关数据表明，2015 年前后，我国技术对外依存度高达 50%以上，95%的高档数控系统、80%的芯片，以及几乎全部高档液压件、密封件和发动机都依靠进口[⑤]。近年来，在全球化发展大背景下，我国在高新技术领域的自主创新能力持续提高，国内企业 R&D（研究与试验发展）经费投入持续、稳健、快速地增长，技术对外依存

① 张慧明，蔡银寅. 中国制造业如何走出"低端锁定"：基于面板数据的实证研究[J]. 国际经贸探索，2015，31（1）：52-65.
② 同①。
③ 杜宇玮. 超越国际代工：中国制造业转型升级路径及微观机理研究[M]. 北京：经济科学出版社，2019：58.
④ 中国投资有限责任公司研究院. 中国制造业跨境投资导读[M]. 北京：人民出版社，2020：18-20.
⑤ 曹志娟. "中国制造"到"中国创造"，我们还要迈过几道坎[J]. 决策探索（下半月），2016（3）：7-8.

度不断下降。为此,《国家中长期科学和技术发展规划纲要（2006—2020 年）》提出了 2020 年对外技术依存度降低到 30% 以下的目标。从《中国工业软件产业白皮书（2020）》中可以看出,国内研发设计类的工业软件,95%左右都是依赖进口的,这是除芯片外我国又一个被"卡脖子"的领域,由于工业软件使用量较芯片更为庞大,所以情况更为严峻。

虽然早就意识到关键领域核心技术对于制造业发展的重要性,但是我国工业企业仍然存在"重生产轻研发"的情况,研发经费投入较少。2020 年,我国科技经费的投入强度已经占 GDP 的 2.4%,美国是 2.79%,挪威、芬兰、瑞典是 3.2%,日本和德国是 3.4%,韩国是 4.5%。从投入的绝对量看,我国仅次于美国,但是在基础研发和原始创新方面的投入只占了总投入的 6.2%,而发达国家的这一比例是 15%～20%[1]。截至 2020 年,我国企业研发投入同比增速达到 19%,远高于美国和欧盟的 7%,但研发投入占全球比重仍然较低,仅为 8%,远低于美国和欧盟的 39% 和 26%[2]。研发经费投入不足是我国制造业自主研发能力不足、关键领域核心技术缺失的原因之一。

3. 制造业品牌力不佳

品牌力意味着企业产品获取额外附加值、提高盈利水平、增加市场占有率的能力。我国制造业企业在品牌设计、品牌建设和品牌维护等方面普遍发展滞后,不仅缺乏世界级的知名品牌,还存在整体品牌形象不佳的问题,这会影响我国制造业升级转型后的附加值提升、产品盈利水平的提高和市场占有率的提高[3]。

我国制造业品牌力不佳的原因主要有以下两点。第一,产品质量不高。产品是品牌力的基础,产品质量不高,品牌力自然不佳。第二,品牌建设工作滞后。与国外企业相比,中国制造企业明显缺乏品牌意识。2023 年,《财富》杂志公布了 2023 年世界 500 强企业排行榜名单,本次中国企业共计 142 家公司登上榜单,但中国企业相较前几年来看数量增长有所停滞,多数上榜企业出现排名下滑的情况。其中原因是一些企业对品牌缺乏保护意识,导致许多知名品牌被抢注,如"同仁堂""竹叶

---

① 佚名. 李毅中：我国工业发展核心技术还受制于人 科技投入占 GDP 比低于发达国家[EB/OL].（2021-12-14）[2022-06-14]. https://www.sohu.com/a/507983618_456269.

② 中国投资有限责任公司研究院. 中国制造业跨境投资导读[M]. 北京：人民出版社,2020：19.

③ 中国投资有限责任公司研究院. 中国制造业跨境投资导读[M]. 北京：人民出版社,2020：21-24.

青""狗不理"等被日本企业抢注;"红塔山""云烟"在菲律宾被抢注。商标被抢注,给企业的无形资产造成了重大的损失,也使企业在开拓市场时步履维艰,还可能因此背上侵权的罪名[1]。

4. 生产成本大幅提升

制造业的生产成本主要由劳动力成本、生产材料成本和税负成本等组成,近年来,这些成本都大幅度提升,中国制造业的比较优势正在消失。

(1)劳动力成本。随着人口红利消减,我国制造业企业不可避免地要面对来自劳动力成本上涨的挑战[2]。中国制造业单位劳动力成本在1980~2002年远低于美国、日本、墨西哥和韩国等国家,在2003~2009年开始上升,但仍然具有劳动力成本优势,近些年则呈现快速上升的趋势。2016年,中国制造业单位劳动力成本已经超过菲律宾、马来西亚等周边国家,相较于墨西哥、俄罗斯、哥伦比亚、智利和土耳其的劳动力成本优势也基本消失,这意味着中国制造业正在或已经丧失劳动力成本的优势[3]。

(2)生产材料成本。在制造业企业使用的主要能源产品中,中国和美国的原油成本基本相同,但中国的其他主要能源产品价格显著高于美国,其中,中国的工业用电成本比美国高60%,电煤价格是美国的1.6倍,焦煤价格是美国的1.44倍,成品油价格是美国的1.5倍左右,工业用天然气价格是美国的2.4~2.7倍,工业用地成本是美国的2~6倍[4]。

(3)税负成本。有研究者对中美制造业税负成本进行了比较研究,分析得出,中美两国的税制结构刚好相反,中国以企业缴纳税收为主的税制结构,决定了中国企业的税负比美国企业的税负高。2017年,中国企业所得税占全国财政收入的比重为22.25%,增值税占比39.05%,个人所得税占比仅8.29%。即使企业能及时地全部完成增值税进项税额抵扣,在生产经营过程中承担的税收压力也较大。2017年,美国联邦税收47.86%来自个人所得税,37.04%来自社会保险税,公司所得税仅占8.96%,公司直接负担的税费并不高[5]。福耀集团创始人曹德旺、娃哈哈集团创始人

① 佚名. 品牌的法律保护措施[EB/OL].(2021-12-19)[2022-03-12]. https://www.360kuai.com/pc/9413f8604e3e1056b?cota=3&kuai_so=1&tj_url=so_rec&sign=360_57c3bbd1&refer_scene=so_1.
② 叶振宇. 劳动力成本上涨、劳动力"三大变革"与中国制造业企业退出[J]. 社会科学文摘,2021(6):49.
③ 郭也. 中国制造业单位劳动力成本变化趋势:以2002—2016年数据为依据[J]. 北京社会科学,2021(4):5-6.
④ 黄群慧. 理解中国制造[M]. 北京:中国社会科学出版社,2019:73.
⑤ 欧冰. 中美制造业企业税负、要素成本与竞争力对比分析[D]. 北京:对外经济贸易大学,2019:10-11.

宗庆后等制造业大佬都曾公开呼吁降低制造业企业税负。

5. 从业人员素质不理想

21 世纪以来，随着我国制造业的飞速发展，制造业人才队伍建设也取得了显著成效——制造业人才培养规模位居世界前列，人力资源结构逐步优化，人才聚集高地初步形成，人才发展环境逐渐改善，这些改变有力地支撑了制造业的发展。

然而，我国制造业人才队伍建设也存在一些制约制造业转型升级的突出问题：第一，制造业人才结构性过剩与短缺并存，传统产业人才素质提高和转岗转业任务艰巨，领军人才和大国工匠紧缺，基础制造、先进制造技术领域人才不足，支撑制造业转型升级的能力不强；第二，制造业人才培养与企业实际需求脱节，产教融合不够深入，工程教育实践环节薄弱，学校和培训机构基础能力建设滞后；第三，企业在制造业人才发展中的主体作用尚未充分发挥，参与人才培养的主动性和积极性不高，职工培训缺少统筹规划，培训参与率有待进一步提高；第四，制造业生产一线职工，特别是技术技能人才的社会地位和待遇整体较低，发展通道不畅，人才培养培训投入总体不足，人才发展的社会环境有待进一步改善[①]。在这些问题的制约下，我国制造业从业人员的素质有待提高。尽管政府和有关部门尝试采取了很多措施改善制造业从业人员素质，但是效果并不明显。根据《中国人口和就业统计年鉴》的数据，2015～2019 年，制造业就业人员中大专及以上学历比重从 16.8%提高至17.3%，仅上升 0.5 个百分点，而同期全行业该比重从 18.8%提高至 22.8%，上升 4 个百分点，这显示出制造业劳动力素质改善明显滞后，年轻的高素质人才不愿意从事制造业[②]。

3.2.2　工匠精神引领国家命运

两次工业革命都证明，首先实现制造业的技术创新与发展的国家能够更好地掌握世界经济的话语权。工匠精神是承载制造业从低端走向中高端的精神内核，工匠精神的继承和发扬关乎国家命运。

---

① 教育部，人力资源社会保障部，工业和信息化部. 教育部 人力资源社会保障部 工业和信息化部关于印发《制造业人才发展规划指南》的通知[Z]. 教职成〔2016〕9 号，2016-12-27.

② 张淑翠，孟凡达，谢雨奇，等. 赛迪智库|警惕制造业劳动力素质差距大，加剧区域发展不平衡[EB/OL].（2021-11-11）[2022-06-14]. https://www.thepaper.cn/newsDetail_forward_15294649.

从我国目前的经济形势来看，实体经济处于持续下滑的阶段，国家正通过深化供给侧结构性改革，去产能、去库存、降成本、补短板，加快建设制造强国，推动传统产业提档升级，加快迈向中高端的经济发展道路。面对困境，我国制造业既要从优化产业布局、提高关键环节和重点领域的创新能力、加强质量品牌建设、加快发展智能制造与绿色制造、培养制造业人才等战略层面进行突围，不断夯实"核心基础零部件""先进基础工艺""关键基础材料""产业技术基础"等有形的工业基础，也要打牢工匠精神这样的精神层面的工业基础，唤起整个行业从业者的工匠精神。

1. 中国制造缺乏工匠精神的内因

中国制造缺乏工匠精神的内因有以下几点：一是传统观念抑制了工匠精神培育；二是工匠制度缺失影响了工匠精神培育；三是工匠文化缺失影响了工匠精神培育；四是我国制造业的高速发展影响了工匠精神培育。具体内容如下。

（1）传统观念抑制了工匠精神培育。制造业从业者大多收入不高，他们考虑更多的是如何完成基本的工作量、保障最基本的生活，无暇去思考如何在工作上精益求精、不断创新的问题。在传统观念的影响下，制造业基层从业者并不被社会所看重，职业声望不高，他们的愿望不是把眼前的工作做得更好，而是想着如何改变自身的处境，去获得更为体面、更高收入的工作，因此他们提升自身工匠精神水平的积极性受到了严重的抑制。这也会打击将要从事制造业的准员工对制造业基层岗位的积极性，降低他们对未来工作岗位的热情。

（2）工匠制度缺失影响了工匠精神培育。工匠制度在人才培养、生产实际和职业发展方面都存在一定的缺失，这影响到对制造业从业者工匠精神的培育。在人才培养方面，我国主要通过职业院校培养制造业从业者，这些院校一般处于考试分流的下层，这使得学生对成为制造业从业者有着天然的自卑感，他们很难认同制造业从业者的工作；在生产实际方面，在现代制造业生产环境下，制造业从业者往往处于生产线的一个环节，难以把控产品品质，成为流水线上的"机器人"，对品质的改进与提高缺乏发言权和操作空间，这也极大地挫伤了他们的生产工作积极性；在职业发展方面，对制造业从业者工作的评价、激励及职业评级、升迁等缺乏完善的制度支撑，这让他们看不到发展的希望，也挫伤了他们提升自身工匠精神水平的积极性。

（3）工匠文化缺失影响了工匠精神培育。我国地域广阔、产业齐全、人口众多，实际上既不缺工匠，也不缺具有工匠精神的高水平工匠。现阶段我国制造业之所以会出现缺乏工匠精神的状况，是因为工匠精神在我国是以单一载体散点式地存在着的，没有延展成为具有群体特征的工匠文化①。

（4）我国制造业的高速发展影响了工匠精神培育。随着经济的高速发展，我国制造业的规模不断扩张、粗放程度逐渐加深，一些企业和个人觉得自己随便应付就可以满足客户的需求，就可以赚到很多钱，根本就不需要去费心费力、精益求精地提高相关产品或服务的品质，这使得他们没有了提升自身工匠精神的意愿，也使得制造业领域的工匠精神培育失去了现实的"土壤"。在各个行业的发展过程中都会出现这样的情况，如果相关管理部门对此有清醒的认识，并能够事先制订好应对方案，就可以将其负面作用降到最低程度；反之，则会对工匠精神培育产生一定的负面作用。

2. 工匠精神的培育措施

培育工匠精神是一个漫长的系统工程，它需要全面深化改革，需要完善的法制法规，需要公平公正；需要营造正确的社会风尚，崇尚劳动创造，尊重能工巧匠；需要改革职业教育体系，注重职业教育。只有工匠精神渗透到社会生产链的每个环节，才能将严谨的制造力与澎湃的创造力聚合成一股强大的力量，推动我国向制造强国迈进。以工匠精神著称的德国、日本及瑞士，有一整套体系化、高标准的工匠制度，辅之非常严苛的对于违规者的惩处措施。从马克思主义哲学角度分析，工匠精神作为职业精神的一种，属于社会意识范畴，应紧扣其哲学属性，从制度层面、薪酬层面、市场培育层面、社会氛围层面、学校教育层面等②，分步骤、多维度、体系化推进工匠精神的培育。

1）制度保障工匠精神传承

保障工匠精神传承的制度包括社会制度和企业内部制度。针对我国制造业"大而不强"的局面，应从推进国家治理体系的完善和治理能力现代化的高度，通过优化制造业布局，深入推进制造业结构调整。具体来说，可以从以下四个方面推进。第一，持续推进企业技术改造。要建立支持企业技术改造的长效机制，完善促进企业技术改造的政策体系，支持重点行业、高端产品、关键环节进行技术改造，推广

---

① 肖艺. 试论工匠精神与工匠文化的培育[J]. 辽东学院学报（社会科学版），2017，19（5）：83.
② 柳琼. 民族复兴："中国梦"视角下高职院校"工匠精神"传承与发展[M]. 成都：电子科技大学出版社，2018：32.

应用新技术、新工艺、新装备、新材料，提高企业生产技术水平和效益。第二，稳步化解产能过剩矛盾。要加强和改善宏观调控，分业分类施策，优化存量产能，引导企业主动退出过剩行业，并加快淘汰落后产能。第三，促进大中小企业协调发展。要支持企业间战略合作和跨行业、跨区域兼并重组，激发中小企业创业创新活力，支持中小企业走出去和引进来，引导大企业与中小企业建立"协同创新，合作共赢"的协作关系，并推动建设一批高水平的中小企业集群。第四，优化制造业发展布局。要制定、实施重点行业布局规划，调整优化重大生产力布局；要引导产业合理有序转移，推动东中西部制造业协调发展；要积极推动京津冀和长江经济带产业协同发展；要改造提升现有制造业集聚区，推动产业集聚向产业集群转型升级；要建设一批特色和优势突出、产业链协同高效、核心竞争力强、公共服务体系健全的新型工业化示范基地。

完善现代企业用工管理制度，发挥企业工会组织的建设和教育职能，切实维护职工劳动就业、工资分配、安全卫生、社会保障等劳动经济方面的权益，也要为职工的可持续发展搭建学习平台和成长通道，提供必要的物质保障，让职工具备更强的职业能力，增加他们在产品品质改进和提高方面的发言权与操作空间，从而增强他们的工作积极性。综合考虑任职经历、职业资格证书、技术技能水平、岗位职责等因素，在薪酬、福利、晋升等方面向高技能人才倾斜，持续完善各类技能人才评价体制和激励制度，保证工匠有较高的地位和收入，有顺畅的职业发展通道和广阔的职业发展空间，为工匠创造良好的生活和工作环境。同时，积极宣传工匠人物的先进事迹，营造劳动光荣、创造伟大的浓郁氛围，促使更多技能工人立足岗位勤奋工作，自觉用各种新技能、新知识武装头脑，并在实践创造中转化为生产力，成为知识型、技术型、创新型的高素质劳动者，在与企业的共同成长中获得成就感和幸福感。

2）高品质消费市场培育工匠精神

自 2006 年以来，我国成为世界经济增长的第一引擎。2018 年，我国对世界经济增长的贡献率为 27.5%，比 1978 年提高 24.4 个百分点。2019 年，我国 GDP 为 99.0865 万亿元，居世界第二位；人均 GDP 首次站上 1 万美元的新台阶。这意味着全世界"万元户"增加了 1 倍多，世界经济增长引擎动力强劲。我国人民收入增加、生活更加殷实，中等收入群体规模继续扩大，我国已经具备了培育高品质消费市场的物质基础。

近年来，我国公民强劲的出境购买力促使很多境外城市的商场为中国顾客开辟了定制化导购服务，火爆的代购业务促使国家进一步规范了限重量、限额度等限制代购行为的管理制度。根据联合国世界旅游组织的数据，中国已经成为世界上最大的出境旅游消费国。欧洲有 60% 的奢侈品卖给了中国人，中国游客在日本平均每人消费达到 30 万日元。联合国世界旅游组织发布的统计报告显示，2023 年中国游客海外消费金额达到 1965 亿美元，超过美国和德国，成为最大出境旅游消费国[①]。可见，我国公民既具备了高品质消费的能力，也拥有了高品质消费的愿望。我国应适时培育自己的高品质消费市场，创立民族自主品牌，鼓励、培养、扶持具有工匠精神的专业型和创新型企业，在发展领域内潜心耕耘，专注品质，持续创新，做强做大，不断提升企业品牌价值和中国制造整体形象。具体来说，可以从以下五个方面努力。

（1）推广先进质量管理技术和方法。要建设重点产品标准符合性认定平台，开展质量标杆和领先企业示范活动，支持企业提高应用 5G、大数据等现代信息技术手段进行智能管控的能力，提升关键工艺过程控制水平，开展质量管理小组、现场改进等群众性质量管理活动示范推广，并加大对中小企业质量安全培训、诊断和辅导活动的组织力度，用新技术、高标准、严质量倒逼市场经济主体规范管理、遵章守纪、严格质量标准、讲求信誉、公平公正，将"劣品"逐出市场，给"良品"营造更好的生存环境。

（2）加快提升产品质量。要实施工业产品质量提升行动计划，组织力量攻克一批长期困扰产品质量提升的关键共性质量技术难题，加强可靠性设计、试验与验证技术开发应用，推广采用先进的成型和加工方法、在线检测装置、智能化生产和物流系统及检测设备等；要在食品、药品、婴童用品、家电等领域实施覆盖产品全生命周期的质量管理、质量自我声明和质量追溯制度，大力提高国防装备质量的可靠性。

（3）完善质量监管体系。要健全产品质量标准体系、政策规划体系和质量管理法律法规，加强关系民生和安全等重点领域的行业准入与市场退出管理，建立消费品生产经营企业产品事故强制报告制度，健全质量信用信息收集和发布制度；要建立质量黑名单制度，建立区域和行业质量安全预警制度，严格实施产品"三包"、产品召回等制度，强化监管检查和责任追究。

（4）夯实质量发展基础。要制定和实施与国际先进水平接轨的制造业质量、安

---

① 张思洁，曹槟，赵英博. 中国出入境游加速回暖助世界旅游业全面复苏[EB/OL].（2024-06-17）[2024-06-27]. https://www.163.com/dy/article/J4SJ52200514R9NP.html.

全、卫生、环保及节能标准，加强计量科技基础及前沿技术研究，构建国家计量科技创新体系，完善检验检测技术保障体系和认证认可管理模式，并支持行业组织开展质量信誉承诺活动。

（5）推进制造业品牌建设。要引导企业制定品牌管理体系，扶持一批品牌培育和运营专业服务机构，健全集体商标、证明商标注册管理制度，打造一批特色鲜明、竞争力强、市场信誉好的产业集群区域品牌。

同时，要建设品牌文化，引导企业增强以质量和信誉为核心的品牌意识，树立品牌消费理念，提升品牌附加值和软实力，使精益求精成为我国民族品牌的"标签"；要加速我国品牌价值评价国际化进程，加大舆论宣传报道力度，让世界人民了解中国制造背后的工匠精神，给予大国工匠广泛的社会认可和社会待遇，让世界消费市场自愿为工匠精神买单。

3）职业院校擎起工匠精神培育大旗

作为技术技能人才培养的摇篮，加强工匠精神的培育是职业院校和技术应用型本科院校办学的重要内容，也是院校以立德树人为根本，办好人民满意的职业教育的重要目标与使命。工匠精神的培育应贯穿人才培养的全过程，结合专业特质提炼工匠精神要素，编写特色工匠精神课程并融入课程设置、思想政治教育、专业课程教育、实践教育、第二课堂、实习实训及考核评价等环节，不断创新培养模式，通过创新产教融合、校企合作、工学一体、现代学徒制等培养模式，开展弹性学制、订单班、创新班、工作室等多元教学组织形式，严格执行工匠精神培育效果奖惩制度，吸纳融汇行业企业优秀师资、优秀文化、优秀元素，形成校企协同育人机制[①]；厚植工匠精神文化沃壤，通过开展工匠精神研究、营造工匠文化环境、组织工匠文化实践等方式，创设技术比武、科技攻关、揭榜挂帅、工匠论坛等活动，营造"尊重劳动、重视技能、崇尚创新"的文化氛围，使工匠精神的培育与专业技术的学习有机融合，并且内化为制造业从业者优秀的职业道德、职业意识、行为习惯，增强制造业从业者进行全面发展的能动性、主动性；在开展高质量的社会职业培训中，职业院校要充分发挥既是技术技能培养，又是工匠精神培养的主阵地功能。将工匠精神植入社会职业培训的专业、课程、教学改革中，使制造业从业者在培训中养成热爱自己的职业、执着自己的职业、享受自己的职业的工作态度。

---

① 杨玉，高明. 协同发展视角下工匠精神培育的策略[J]. 职业技术教育，2018，39（1）：18.

胡双钱：不断打造的精致和完美

胡双钱，是上海飞机制造有限公司（原为上海飞机制造厂）的高级技师、数控机加车间钳工组组长。他不仅亲身参与了中国人在民用航空领域的首次尝试——运 10 飞机的研制，更在 ARJ21 新支线飞机及中国新一代大飞机 C919 的项目研制中做出了重大贡献。在从业生涯中，他加工的数十万个零部件没有一个次品，他也由此被称为"航空手艺人"。

大部分人是通过 2015 年劳动节期间央视的特别节目《大国工匠：国产大飞机的首席钳工胡双钱》认识胡师傅的。每当有人提起"首席钳工"这个称谓时，胡师傅总是不好意思地说："不敢当啊！我身边优秀的人有很多，都能得到这样的荣誉，我只是比较幸运而已。"

在胡师傅工作的厂房里，到处布满了现代化的数控机床加工设备。对比之下，胡师傅和他的钳工班组显得不那么起眼，他们使用的大量手工工具像老古董一样陈旧，但正是这群人担负起了大飞机制造过程中不可缺少的关键一环——对重要零部件的细微调整。即使是科技发达的今天，这些精细活儿也只能靠手工完成。

慢一点、稳一点 好手艺从岁月中来

胡师傅 1980 年来到上海飞机制造厂参加工作。对于从小就喜欢看飞机的他来说，能够有机会造飞机是再好不过的事情了。可是刚到工厂，胡师傅就遇到了工作生涯中的第一个难题，在技校学习铆工的他，却被分配到了钳工的岗位。"虽说跨了专业，但也是由于当时情况特殊，自己也没有多想。当时的活儿比较多、比较杂，根本不能挑，那个时候就是往上冲，有什么干什么，不懂的就去问，觉得每一次都是锻炼自己。"胡师傅回忆起那段时光，还是抑制不住地高兴，似乎只要能让他造飞机，做哪个工种都行。

刚入厂的胡师傅，非常幸运地亲身参与并见证了我国在民用航空领域的第一次尝试——运 10 飞机的研制和首飞。可是由于种种原因，运 10 项目最终下马，工厂由此进入了一段无活儿可干的艰难期。

"那段时期，正好是我个人成长的黄金期，学习能力和创造能力都十分旺盛。"胡师傅说。同厂的许多同事都倍感前途渺茫，纷纷奔向了发展势头正旺的民营企业。然而造飞机的梦却一直在胡双钱心中回荡，对于梦想的坚守让他最终选择留了下来。

好在他工作的数控机加车间还能接到一些民用产品的单子，解决了一部分收入问题，也让胡师傅的这双手没有闲下来。"那个时候，我们干活很杂，做过电风扇，也做过大公共的座椅！"对于那个阶段，胡师傅虽然有些惋惜，却也并不觉得浪费，"用造飞机的技术来生产民用产品，那质量是绝对有保障。"在他眼里，不管是飞机零件，还是民用产品，只要是经手的活儿就一定要认真对待，不求急、不求快，"慢一点、稳一点、精一点、准一点"地把每个零部件加工好。

年过半百 欣喜再圆飞机梦

在工作 20 多年后，当国家启动 ARJ21 新支线飞机和大型客机研制项目时，胡师傅几十年的积累和沉淀终于有了用武之地。

2003 年，胡师傅开始参与 ARJ21 新支线飞机项目。这一次，他对质量有了更高的要求。他深知 ARJ21 是民用飞机，承载着全国人民的期待和梦想，又是国内首创，风险和要求都较高。

不管是多么简单的加工，胡师傅都会在干活前认真核校图纸，操作时小心谨慎，加工完多次检查。他不仅保质保量地完成加工，还凭借多年积累的经验和对质量的执着追求，在零件制造中大胆进行工艺技术攻关创新。最终 ARJ21 在 2008 年底成功首飞，胡师傅也实现了自己的飞机梦。

有了在支线飞机项目中的经验和成绩，在接下来的 C919 大型客机研制项目中，胡师傅有了更大的自信和斗志。

2015 年 11 月 2 日，C919 大型客机首架机正式下线，这标志着中国自主研发大飞机的梦想终于实现，而这对于担任大飞机制造的首席钳工技师胡师傅而言同样意义非凡，这也标志着他坚持了 35 年的梦想再次实现。

一枝独秀 不如芬芳满园

胡师傅的手艺和职业道德，不仅在工作中得到了工友们的钦佩，也获得了各级政府部门的认可。自工作以来，胡师傅获得"全国劳动模范"、全国五一劳动奖章、上海市质量金奖、"全国敬业奉献模范"等称号和荣誉。

胡师傅除了坚守在生产一线，还承担着培养青年人的任务。"经历了那一段困难时期，厂里目前出现了人才断层，老的老，小的小。现在最关键的是要把老一辈的技术留下来。"由于个人的成长经历，胡师傅格外重视自己的这份责任，"当时我进厂时，没有师傅带，自己吃了不少苦头，现在有机会了，一定要给年轻人提供更多的帮助"。

一枝独秀，并不是胡双钱追求的结果，他认为一个好的集体必须是芬芳满园的，只有这样才能把工作真正做好。胡师傅现在负责的"大国工匠"工作室里，就有很多年轻人，而他总是惦记着如何让他们获得更多更快的成长。

在培养青年人的方式上，胡师傅有自己的风格。他说自己绝不会直接告诉年轻人如何操作，而是让他们去反复思考和琢磨，在关键的时候，才会去点拨。"要是什么都告诉他们了，反而是不好的，没有自己的思考，那就是拿来主义。千万不能让年轻人产生依赖性。"听起来，胡师傅是严格的，但他说具体还要看年轻人的情况，最终还是会让他有一个好的结果。提起带过的徒弟，他是骄傲的。胡师傅亲自培养的几批徒弟，现在大多已成为业务骨干。

"以前车间里的加急件和特难件都得等着我来做，而这几年，慢慢地年轻人也都能做了。我觉得这就是很好的现象！"在胡双钱眼里，个人的荣誉并不重要，自己的活儿少了，说明集体的力量壮大了。

现在，有了更好的机会让年轻人去积累经验。胡师傅说，虽然老人在培养新人时已经做到了毫无保留，但由于过去年轻人一直在生产一些空客和波音的成熟零件，锻炼的机会不够。幸好，现在有了C919，80%的零部件都是他们第一次设计生产，这就给年轻人提供了绝佳的锻炼机会。

工匠精神　不断打造的精致和完美

胡师傅的生活一直很简单，平时与家人相聚的时间也并不多，唯一的一张全家福还是2006年拍的。胡师傅坦言，自己带给家庭的并不多，家人的支持让他感到非常知足。

胡师傅带领的"大国工匠"工作室在2015年参与创建了上海市劳模创新工作室，更大的平台能够得到更多的资源，让胡师傅的团队可以实现更大的目标。胡师傅不仅坚守在一线，为C919的生产提供零部件，还培养了更多的优秀青年人才，并带领工作室进行技术攻关，生产出更多的新产品。

他认为，工匠精神就是不断追求和打造出精致与完美的精神，而"打造"这个词代表的就不是简单，不是短期，而是需要有一份坚守的精神。

一场造飞机的梦，胡师傅做了30多年，从青年到中年，在坚守的路途中，他没有消极对待，更没有徒手等待，他用一个个的零件提升着自己的技术，用一次次的挑战巩固着自己的能力。匠人精神，或许起源于简单的操作，却停留在了最伟大的情怀上。胡双钱，正是在不断的追求和打造中，获得了事业上的那份精致和完美。

（资料来源：佚名. 胡双钱：不断打造的精致和完美[EB/OL].（2016-01-08）[2022-06-14].
http://news.youth.cn/gn/201601/t20160108_7506336.htm.）

第 4 章

工匠精神培育的理论依据、内涵、模式与现状

观点精要　工匠精神不仅仅是一种工作态度，更是一种人生态度，代表着一种时代的精神气质。加强职业院校学生工匠精神培育，有利于培养出大量符合我国制造业发展需求的具有较高水平工匠精神的高素质技术技能人才，助力"中国制造"由"大"变"强"。面对当前职业教育工匠精神培育中存在的实际问题，应当遵循教育理论与教学规律，建立依托现代学徒制、项目导师制、工作室制等教学模式的工匠精神培育路径与方法，以提升职业院校学生的综合职业素养。

4.1　工匠精神培育的理论依据、内涵与模式

工匠精神是职业院校学生综合职业素质的重要组成部分，它在技术技能人才培养实践中一直存在，并且在近几年越来越受到重视。随着工匠精神培育成为职业院校技术技能人才培养的一项重要工作，归纳、总结其理论依据、内涵与模式，对职业院校学生的工匠精神进行科学培育就显得尤为必要。

4.1.1　工匠精神培育的理论依据

理论在定性研究中的应用有两种形式：一种是在研究中逐渐形成某种理论并把它放在研究的最后阶段；另一种是研究者从一开始就提出研究所依据的理论，并用它引导整个研究过程。[①]本书所使用的是第二种形式的理论。本书将以需求层次理论、

---

① 克雷斯威尔. 研究设计与写作指导：定性、定量与混合研究的路径[M]. 崔延强，译. 重庆：重庆大学出版社，2007：95.

认知建构理论和人的全面发展理论为指导，探索职业院校学生工匠精神培育存在的问题，尝试总结职业院校学生工匠精神培育的形式，并阐释其构成要素与运行机制。

1. 需求层次理论

需求层次理论最早由美国心理学家亚伯拉罕·哈罗德·马斯洛于 1943 年在《人类激励理论》一文中提出。1954 年，马斯洛在《动机与个性》一书中将人的需求分为从低到高的生理需求、安全需求、爱与归属的需求、尊重需求和自我实现的需求五个层次。1970 年，他对需求的层次进行了调整，将人的需求由原来的五个层次增加到从低到高的八个层次——生理需求、安全需求、归属与爱的需求、尊重需求、认知需求、审美需求、自我实现需求和超越需求。虽然需求的"五层次理论"比需求的"八层次理论"传播更广，但后者与前者相比更加完善。

马斯洛认为，在需求的八个层次中，生理需求是指维持生存及延续种族的需求，安全需求是指希求受到保护与免于遭受威胁从而获得安全的需求，归属与爱的需求是指被人接纳、爱护、关注、鼓励及支持等的需求，尊重需求是指获取并维护个人自尊的一切需求，认知需求是指对自我、他人及事物变化进行深入理解的需求，审美需求是指对美好事物欣赏并希望周遭事物有秩序、有结构、顺自然、循真理等的心理需求，自我实现需求是指个人所有需求或理想全部实现的需求，超越需求是指个人期望超越其生物状态，摆脱生存的被动性和偶然性的需求。这些需求的层次是逐渐升高的，前面较低的四层需求叫作基本需求，后面较高的四层需求叫作成长需求。一般来说，低层次的需求得到满足之后，高层次的需求才会产生，前面所有的需求相继得到满足后，才会出现超越需求。

职业院校学生的工匠精神培育既涉及就业机会和就业后的薪酬福利等基本需求，也涉及就业后的发展空间和个人自我价值实现等成长需求[①]。在对学生进行工匠精神培育时，职业院校应充分挖掘、系统考虑学生各个层次的需求，充分发挥它们在工匠精神培育中的积极作用。

2. 认知建构理论

认知建构理论是由瑞士心理学家皮亚杰提出的。该理论认为，学习的过程实际上是个体认知结构的建构过程，是个体把知识转化为自己的认知结构的过程，个体

---

① 南瑞萍. 高职教育中工匠精神缺失的影响因素与培育路径研究[D]. 太原：山西财经大学，2018：11-12.

原有的认知结构与新的信息之间以同化或顺应的方式相互作用，作用的结果是个体原有的认知结构得以扩充或重组，建构成新的认知结构；当个体面对新信息时，如果能用原有的认知结构同化它，个体的心理就会平衡，反之，个体的心理就会失衡，从而促使个体改变原有的认知结构去顺应新信息。顺应的结果是新的认知结构得以建构，新的认知结构又可以去同化新的信息，个体的心理又得到平衡，个体的认知结构就在"同化—顺应—同化"和"平衡—不平衡—新的平衡"的循环往复中不断得到发展。[①]

在认知建构理论中，认知结构是指个体在头脑中运用记忆、联想等认知手段对新信息（知识）进行加工而形成的具有内部规律的整体结构；同化是指对新信息（知识）进行改造并将其整合到原有认知结构的过程，它增加了信息量，是认知结构的量变；顺应是指对原有认知结构进行改造以接纳新信息（知识）的过程，它改变了认知结构，是认知结构的质变。

职业院校学生工匠精神的形成过程实际上也是学生认知建构的过程。学生原有的关于工匠精神的认知，与职业理想、职业态度、职业实践、职业能力等新的信息之间以同化或顺应的方式相互作用，在"同化—顺应—同化"和"平衡—不平衡—新的平衡"的循环往复中不断得到发展，逐渐形成追求精益求精的态度与品质，也就是新的工匠精神。

3. 人的全面发展理论

人的全面发展是一个受到广泛关注的问题。在古代中国，人们就提出以"六艺"促进人的全面发展；在古希腊，人们认为全面发展的人应该是"在理性支配下，身心都得到健康发展"的"完人"。国外有很多思想家对人的全面发展问题进行过探讨，提出了多种关于全面发展的"理想性"观点。然而，这些思想家往往将人抽象化处理，忽视了实际条件，找不到从理想通往实际生活的现实道路，其"理想性"观点未能得到普遍认可。马克思在前人认识的基础上，从生产力、社会关系（制度）等维度对人的全面发展的条件进行了分析，提出了人的全面发展理论，这一理论也成为实现人的全面发展的重要指导思想。[②]

---

① 郎筠. 皮亚杰认知发展理论简析[J]. 科技信息，2011（15）：160.
② 何应林. 高职学生职业技能与职业精神融合培养研究[M]. 杭州：浙江大学出版社，2019：40-41.

在马克思提出的人的全面发展理论中，人的全面发展有广义和狭义之分①。广义上的人的全面发展是指类和个体各方面都得到发展，主要体现在类特性的全面发展、类社会关系的全面发展、类能力的全面发展及类的全面解放和充分自由的实现四个方面；狭义上的人的全面发展是指个体的体力、智力、心理、品德、能力等各方面的发展，主要体现在各种能力的发展、人的自由个性的发展、社会关系的丰富和发展、人的主体性的全面发展、个人价值的实现及类特性在个体身上的充分发展六个方面。

这就要求职业院校既要使培育出来的技术技能人才具有较高水平的工匠精神，也要使他们具有较高水平的职业技能；既要使他们的各种基本素质得到全面发展，也要使他们的这些素质在主客观条件许可的范围内尽可能多方面地、富有个性地、协调地发展。这种综合培养旨在实现学生个体的全面发展，为国家经济和社会发展提供大量高素质的技术技能人才。

4.1.2　工匠精神培育模式的内涵

工匠精神培育是职业院校技术技能人才培养活动的一部分。所谓工匠精神培育模式，是指在一定的人才培养目标指导下，通过规定人才培养内容、设计人才培养过程而形成的工匠精神培育行动框架。具体来说，工匠精神培育模式的内涵包括以下三个方面的内容。

1. 做好顶层设计，明确培养目标

首先，要秉持培育工匠精神的理念，将其作为职业院校高质量发展的精神内核，做好总体发展规划，明确工作任务，划分工作职责；其次，要立足学校特色，在深入进行岗位调研的基础上，分行业、分专业、分工种确定工匠精神培育目标，将其纳入人才培养方案，并结合各门课程特点与内容，对目标予以细化分解，合理制定课程标准；最后，要将第一课堂有关工匠精神的教学目标与第二课堂的活动目标结合起来，将学校课堂学习和工作场所学习结合起来，在教学设计与实施中以案例、研讨等方式融入工匠精神元素，在理实一体的教学中引导学生形成对工匠精神的认知、体悟与践行。

---

① 郭晓君. 人的全面发展理论初探[J]. 中国人民大学学报，1997（2）：30-32.

2. 强化多措并举，健全校企协同培育机制

一方面，校企双方需科学制定合作目标、实施方案与管理办法，厘清权责利，共同创设有助于工匠精神内生外化的良好条件。在此过程中，企业应选聘具备一定专业技术资格且富有责任心的师傅，建立起稳定的师傅队伍，不仅仅要从技能水平上指导学生，更要从品德修养上影响学生。另一方面，校企需共商专业发展规划和人才培养方案，共组教学团队，共同开展教学资源建设、课程设计开发和考核评价工作，与职业院校形成工匠精神培育共同体，真正实现全方位、全过程协同育人。

3. 充分发挥学生的主体作用

培育工匠精神，充分发挥学生的主体作用尤为关键。一方面，要注重兴趣培养，增进专业与职业认同。尽管职业院校学生在某种程度上带有专业、职业倾向，但他们仍处于职业探索时期，未来发展尚未完全定向，需要在学习过程中逐步引导，帮助其在不断进步中获得信心和成就感。另一方面，要不断促进实践参与，发展职业素质与能力，追求精益与创新。动手实践是工匠精神由知到行不断转化的桥梁，要有针对性地进行实训实习环节的调整改革，提高实训课程比例，完善实训教学内容、方法与手段，以各级各类教学载体作为工匠精神培育的抓手，让学生从更多的实践参与中获得新知、积累经验、增强本领。

目前，关于职业院校学生工匠精神培育模式的研究成果并不多。仔细分析这些研究成果，可以发现其中有很多实际上与职业院校技术技能人才培养模式研究并没有多大的差别。这一方面说明两种模式有较多的关联，另一方面说明职业院校学生工匠精神培育形式还需要进一步完善，关于职业院校学生工匠精神培育模式的研究有待进一步发展。

4.1.3　工匠精神培育的实施模式

在职业院校技术技能人才培养中，工匠精神培育是近些年才被重视的一项工作，但它并不是近些年才开始做的，在以往的技术技能人才培养实践中，职业院校在培养学生的职业技能的同时，也培养了他们的工匠精神。在长期的技术技能人才培养实践中，职业院校形成了各种工匠精神培育的实施模式。这里将结合金华职业技术大学机电工程学院工匠精神培育实践，介绍现代学徒制、项目导师制和工作室制三

种工匠精神培育的实施模式。

1. 现代学徒制培育模式

1）现代学徒制培育模式的内涵

现代学徒制是产教融合的基本制度载体和有效实现形式，也是国际上职业教育发展的基本趋势和主导模式，它通过学校与企业的深度合作，教师与师傅的联合传授，对学生进行职业技能和工匠精神培养。现代学徒制培育模式是一种为满足产业转型升级和社会经济发展需要，以深层次的校企合作为基础，以学校教学和企业实践学习交替为特点，以稳定的师徒关系为标识，以培养高素质技术技能人才为重要目标的现代职业教育人才培养模式[①]。现代学徒制培育模式是将传统的学徒培训与现代学校教育相结合的一种"学校与企业合作式"的职业教育模式，其教学主体有两个，一个是学校，另一个是企业。为了充分发挥企业在人才培养中的主体作用，需要系统建立操作流程、管理规范、考核标准和保障机制，妥善处理教学、实习安排与企业生产的冲突、课程内容对接等问题。要顺利解决这些问题，关键在于建立一个拥有共同或相互认同的价值观念、目标和利益诉求的校企联合支持、持续互动的校企利益共同体，并以此为平台实施现代学徒制。在现代学徒制实施过程中，应注重学习与训练内容的对接，增强"学"与"工"内容的融合度，并根据学生意愿选择企业、岗位和师傅，满足学生、企业和师傅等各方的诉求，细化过程的管理与考核；学生在职业院校学习的同时，需到企业跟随师傅进行岗位实操训练，提前完成和企业的磨合，提高岗位适应能力。

2）现代学徒制培育模式的实施基础

金华职业技术大学在工匠精神培育的现代学徒制形式的实施中有两个重要基础，一个是实施平台——校企利益共同体，另一个是现代学徒制管理制度。

（1）校企利益共同体。2010年6月，本着"资源共享、优势互补、责任共担、互惠双赢"原则，金华职业技术大学与电动工具行业龙头企业中国皇冠集团战略携手，联合产业链上的多家企业共同成立皇冠学院。皇冠学院采用学校与企业"1+N"办学的合作模式，即学校与相关行业产业链上的多家企业一同合作，合作主体呈现多元化。

皇冠学院建立独立的章程、组织形式、组织原则和制度体系，由校企双方共同

---

① 刘玉洁. 五年制高职现代学徒制人才培养模式实践研究[D]. 南京：南京师范大学，2020：15.

组建理事会，实行理事会领导下的院长负责制，并组建校企共同参与的管理团队。依托皇冠学院，机械制造专业群具备了实施现代学徒制的平台基础。

（2）现代学徒制管理制度。现代学徒制的实施涉及学校、企业、学生、师傅四个关联方，为明晰实施过程的程序与内容，明确各方的责任义务，确定人员、经费、场所等管理方法，金华职业技术大学制定和完善了《现代学徒制管理细则》《实习导师管理规定》等管理制度，制定了"师徒结对任务书""学徒评价表""拜师卡"等。

3）现代学徒制培育模式的运行机制

（1）定向招生，实现招生与招工一体化。皇冠学院面向在校生进行二次招生，组建皇冠工程班。在新生入学时先组建体验社团，通过社团体验活动，使学生对企业有全面的认识。在二年级，通过学生自主报名、企业选拔组建订单班。在后两年的培养过程中，学校与企业根据岗位需求及能力要求制订人才培养方案，企业全程参与培养过程，并在第四、五、六学期中实施现代学徒制。多年来，金华职业技术大学共组建皇冠工程班、皇冠营销班、三锋订单班等订单班 14 个，报名与录取比例达 2∶1 以上。企业与订单班学生签订准员工录用合同，在企业岗位实习过程中享受岗位工资和"五险一金"等待遇。

（2）多方参与，构建双向服务的讲师团。皇冠学院组建由企业管理者、技术专家、业务骨干、学校教师和行业领域专家学者等组成的讲师团，在教学安排、教研活动、科研互动、项目合作和激励提升等方面形成机制，使讲师团成为支撑校企利益共同体良性运行的稳固组织。企业人力资源部制定企业教师的管理、考核制度，将企业教师承担的教学任务纳入其本职工作，使其成为企业的一种派出行为，切实保障企业对人才共育的教学参与。截至 2024 年，皇冠学院讲师团有教师 76 人，其中学校教师 34 人。

讲师团中的企业教师大部分也是现代学徒制的指导师傅，负责学生在企业的岗位培训指导。同时，讲师团也是课程建设与改革、科技研发的主力军。近年来，皇冠学院共建成国家精品资源共享课程 3 门、国家在线精品课程 2 门、省级精品课程 7 门，开发新产品 60 余台套，承担各级科研项目 90 余项，培训员工 1.3 万人次，年指导学生学徒 150 余人，切实体现了讲师团融合、互补的特色。

（3）共筹经费，保障校企利益共同体运行。皇冠学院在合作育人的经费投入、教学资源的共建共享等方面建立了有效的保障机制。学院建立由"企业员工培训专项增薪 10%"和"学校生均比例投入"构成的学院运行与发展资金，实行市场化、制度化运作，主要用于皇冠学院日常运行、各类培训、讲师团师资培养、学生实习补贴等。其中，每年 10% 的加薪是皇冠学院经费的主体，以"教育券"的虚拟形式进入员工账户，员工在接受皇冠学院培养、培训时进行企业内部结算。它以建立企业员工队伍建设的内生动力机制为切入点，既满足了企业员工提升的需要，又保证了皇冠学院稳定的经费来源。

（4）优化模式，实现学校学习与企业学习有效衔接。皇冠学院采取"四方选择、三段结合、双线管理"模式实现学校学习与企业学习的有效衔接。

"四方选择"是指学校选择合作企业、企业选择师傅、学生选择企业与师傅、师傅选择徒弟四个方面的选择，学生可以根据自身的就业趋向和职业岗位趋向选择企业与师傅，学校将学生个人学业表现与选择意向提供给企业与师傅，并进行师徒面对面对接，由师傅选择确定徒弟。通过"四方选择"，学校与企业、学徒与师傅进行充分沟通，促进相互了解。

"三段结合"是指根据岗位能力培养规律，将企业培训分为岗位基本训练、专项技能训练和顶岗实习三个阶段。第一阶段是在第四学期开展的暑期岗位实训，学生学完专业基础课程后，根据所选择的岗位，在企业师傅的指导下进行为期 6～8 周的岗位实训，提高对岗位工作的认知度，强化及应用所学的专业知识。第二阶段是在第五学期开展的由企业师傅主导的专项技能训练，企业师傅指导学徒完成训练任务并评判学习成效。第三阶段是在第六学期开展的为期 5 个月的毕业顶岗实习，在师傅的指导下，学徒接受结对企业岗位的全面训练。三个阶段的学习内容由认知到熟练，由专项到综合，学校学习内容与企业学习内容相关联。

"双线管理"是指学校对学生进行管理和企业对师傅与学徒进行管理两条管理主线。学校管理主线由学校选择企业、学生选择师傅、学校对学生管理、企业评价实习表现、师傅考核训练成果及企业和教师评价六个环节组成；企业管理主线由企业选择师傅、师傅选择学徒、企业对师傅与学徒管理、对带徒记录和学徒业绩进行检查，以及两个阶段对学徒与师傅的考核六个环节组成。具体如图 4-1 所示。

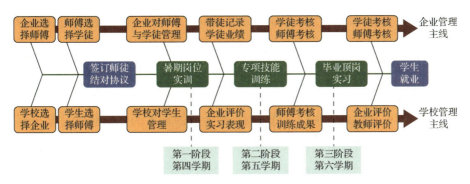

图 4-1　现代学徒制实施的"双线管理"

在"双线管理"中，"学校对学生管理"环节主要包括规划学生的学习与培训内容、制定相关实施制度、组织师徒结对的活动、对学习训练内容进行核查、对结对过程进行跟踪管理及对学生进行实施效果评价考核等内容。"企业对师傅与学徒管理"环节主要包括制定师傅选用标准和师带徒管理与补贴制度，并对师带徒的过程与成效进行考核；制定学徒实习的管理规定、学徒薪酬制度，对学徒在企业的实习过程进行监督考核，对学徒的技能进行评定考核等。"双线管理"不是割裂学校管理与企业管理，而是使两个主体管理职责更加明确。当然，在实施过程中，校企双方需保持经常性的沟通与联系，以保证现代学徒制实施的效果。

4）基于现代学徒制的工匠精神培育措施

（1）高校的培育措施。一方面，高校要积极建构新型课程模式，将工匠精神融入每个工作任务环节中。将课程理论与实践一体化融合，打破传统以知识线索为核心的专业课模式，在课程设计环节充分听取企业建议，设计与企业真实岗位需求匹配的任务，建构学校学习与企业学习交替进行的课程模式。另一方面，高校要在公共课程中融入有关职业道德、职业素质的内容，引导学生认识职业的意义。现代学徒制是在企业真实的工作岗位中进行的，学生作为企业的准员工，需要满足新的职业素养要求。高校应充分利用公共课程帮助学生深入理解和认可自身的职业选择，使学生在实践中培养认真负责、吃苦耐劳和一丝不苟的精神。

（2）企业的培育措施。一方面，企业要严格遴选企业师傅。师傅是学徒制技能培训的实施主体，其素质也是学生工匠精神培育的主要影响因素。师傅应凭借自身的行业经验帮助学生了解自身行业并建立职业认同感，以自身的技能和工匠精神作为学生的模范和榜样；在技能教学上，严格按照企业岗位标准进行教学，言传身教，通过自身对工作的态度、对工作的规范及对产品质量的追求，培养学生热爱岗位、遵守规范、精益求精、一丝不苟、团队协作等工匠精神，并在具体的实践中对学生的行为进行引导与纠正；在生活上，帮助学生建立良好的心理状态和人际交往能力来应对真实岗位中可能出现的问题及挑战，帮助学生完成由学生到企业员工的身份认同。另一方面，企业要制定科学的学习制度，根据企业自身实际情况和规章制度，制定学生实习章程来约束学生的工作行为，制定仪器设备的使用登记及维护制度等，培养学生对于工作的责任心，形成认真、务实、细致的工作作风；制定工作任务完成情况的评价标准，制定奖惩制度，给予工作态度佳、勤于反思、勇于创造的学生一定的精神与物质奖励，激发其学习动机，培养其创新精神，对浑水摸鱼、投机取巧的学生给予一定的惩罚，树立正反两个典型。企业应把学生当成企业的一分子，以准员工的标准严格要求和对待，把外部的纪律内化成学生的自我约束，为工匠精神培育与实践创设条件。

2. 项目导师制培育模式

1）项目导师制培育模式的内涵

导师制是一种人才培养模式。导师制由来已久，早在14世纪，牛津大学就实行了导师制，其最大特点是师生关系密切。导师不仅要指导学生的学习，还要指导他们的生活。近年来，国内许多高等职业院校在探索职业教育新型导师制教育教学模式，以更好地贯彻全员育人、全过程育人、全方位育人的现代教育理念，更好地满足素质教育的要求和促进人才培养目标的实现。金华职业技术大学机电工程学院实施的项目导师制的教学模式，是一种以教师教学科研创新项目、企业服务项目为载体，以师生共同研讨为依托的育人形式，即教师根据自己的学术专业特长形成师生指导关系的项目库，面向学生开放，师生基于项目进行双向选择，确定指导关系后共同探索学习，从而促进教师的特长与学生的兴趣相结合[①]。项目导师制是一种"项目+"的学生成长系统，针对学生的个性差异，因材施教，全面指导学生的思想、学习与生活。

一方面，在"机器换人""两化融合"背景下，制造业的转型升级对职业教育中制造类专业毕业生的岗位综合能力提出了更高要求，尤其是中小微企业，岗位职责边界模糊，对毕业生的工程实践能力和创新能力的要求更加综合。另一方面，职业院校生源多元化，学生的学习能力参差不齐，普适性的教育显然不能适应学生和社

---

① 郭剑鸣，颜建勇. 项目导师制：教与学有机耦合的培养模式[J]. 中国高等教育，2021（Z2）：64.

会的需求。金华职业技术大学机电工程学院根据学生的学情特点和职业院校的办学特点，以"因材施教、学以致用"为宗旨，从工程应用能力和创新能力"双能并重"的角度，探索了以工程创新班为载体的项目导师制创新人才培育模式，形成了职业院校"分层培养、双能并重、学研互动、多重循环"的工程创新精英人才培养策略。

2）项目导师制培育模式的实施基础

在项目导师制实施过程中，有两个重要基础，一个是具备指导能力的导师团队，另一个是项目制管理办法。

项目导师并不是每位专业教师都能担任，而是只有同时具备工程实践能力和教学指导能力的教师才能胜任。首先，项目导师需有承担科研项目或企业服务项目的经历，通过项目的研发与实施，清楚实际项目开发的关键点、问题点，掌握项目开发的过程、方法、途径，积累工程应用经验；其次，他们需将所承担的科研项目、企业技术服务项目进行分解、序化、转换，形成一个个教学项目，应用于项目化的教学；最后，项目导师个人对工匠精神的理解和表现应非常突出，可以说，项目导师就是"工匠之师"。实际项目往往是学科交叉型项目，如机电产品的开发，涉及机械、电气、电子学科领域，有的还需编制软件，项目实施需要多个导师协作指导。因此，项目导师制的有效开展需要建立导师团队，这样才能使这种教学模式得以深入实施并取得实效。

在项目导师制培育模式中，实施项目的目的在于拓宽学生视野，巩固学生所学的专业知识，培养学生的工程实践能力和创新精神，培养学生的工匠精神。项目的来源一般是教师的科研项目、企业技术服务项目和学生的学科技能竞赛项目等，以这些项目作为载体，形成包括方案设计、结构设计、电气设计、工艺编制、零件制作装配等环节中的两个或两个以上环节的教学项目。项目的实施一般安排在学生课余时间进行，并作为学生第二课堂的内容之一。

项目导师制的有效实施，需制定规范的管理制度。金华职业技术大学机电工程学院制定了项目制管理办法，对项目导师的遴选及激励、项目载体选择、实施流程、实施周期、结题要求、材料汇总等方面做出了明确的规定，通过这些管理制度来确保项目导师制的顺利开展。

3）项目导师制培育模式的运行机制

（1）建立学生遴选标准，组建工程创新班，实行分层培养。金华职业技术大学机电工程学院每年从一年级学生中选拔 30～35 名思想品德优良、综合素质较高、具有学习潜力、富有创新精神和竞争意识并对专业有浓厚学习兴趣的学生，从第三学期开始，单独组建工程创新班，作为课程体系改革和培养机制创新的试点，着重培养这批学生的实践能力和创新能力。工程创新班集中优秀师资进行小班授课，授课时注重广度与深度的拓展、科学思维方法的培养、推理能力与实践能力的训练，实施教学和研究互动、课内和课外互动、寓学于研的培养模式。实行动态考核、末位淘汰，毕业时颁发工程创新班学习经历证书。制定以"学生报名—教师推荐—笔试测验—面试考察"为基本流程的学生选拔流程，在笔试测验中引入"托兰斯创造思维测验"等方法进行多维度测试，面试采用任务体验、间接观察的方式，对学生的专业潜质、专业兴趣和学习态度等方面进行综合考核评估，形成操作性强的遴选程序和标准。

（2）构建多重循环、纵向深化的课程体系，"双能并重"推进人才培养。为了凸显学生的工程应用能力和工匠精神培育，学院专门制订工程创新班人才培养方案，构建"课程能力小循环，专项能力中循环，综合能力大循环"的多重循环、纵向深化的课程体系，如图 4-2 所示。

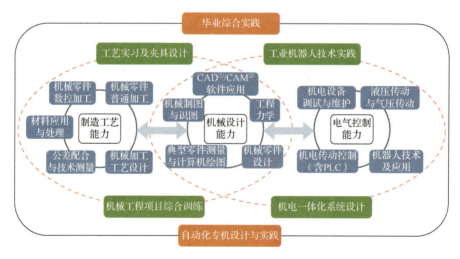

图 4-2　多重循环、纵向深化的课程体系图

机械制造与自动化专业工程创新班学生专项能力包括制造工艺、机械设计和电

---

① CAD，即 computer aided diagnosis，指计算机辅助诊断。

② CAM，即 computer aided manufacturing，指计算机辅助制造。

气控制三个方面，每个方面的能力通过若干门专业课程进行"循环培养"。首先，每门专业课设置综合性项目，对课程能力目标进行"小循环"培养；其次，通过设置不同的项目实践课程对专项能力进行"循环培养"，如通过"机械制图与识图""机械零件设计""典型零件测量与计算机绘图""CAD/CAM 软件应用""工程力学"等课程，形成针对机械设计专项能力的循环培养；再次，通过项目实践课程对专项能力的融合进行"中循环"培养，如设置"工艺实习及夹具设计""机械工程项目综合训练"两门课程对制造工艺能力和机械设计能力两项能力的融合进行"循环培养"，设置"工业机器人技术实践""机电一体化系统设计"两门课程对机械设计能力和电气控制能力两项能力的融合进行"循环培养"；最后，通过设置综合实践课程"自动化专机设计与实践""毕业综合实践"对岗位综合能力进行"大循环"培养。

（3）搭建工程实践与创新实践平台，将"创客教育"融入教学过程。金华职业技术大学机电工程学院结合机械制造专业领域特点，将工作室或项目部进行整体改造，按毕业生主要就业岗位方向，搭建机械普通加工岛、智能化制造岛、机器人创意岛和创意工具坊等创客空间，满足学生按方向选择创客空间的需求。引入"创客文化"元素，在每个创客空间都设置会客区、讨论区、加工区、存储区、作品展示区等，努力营造创客空间环境，建设开放式工程实践平台。实施"创客教育"，推行创客项目活动轨迹管理，学生、教师人手一本《创客项目活动轨迹管理手册》，要求全程记录创客项目活动中的相关信息，如创新点子、方案简图、讨论记录等。在"创客教育"中引入活动过程评价和成果评价两种方式，制定"创客活动过程评价表"和"创客成果评价表"。借鉴国内外众筹相关经验构建适合小范围运营的众筹模式，具体做法就是建立虚拟众筹网，在小范围内派发虚拟货币，对学生的设计成果进行虚拟众筹，实现利用众筹来对设计方案进行评价的目的。对于取得较好众筹成绩的创客项目，推荐其入驻学校"金湖创客汇"并给予经费支持，促进学生创新成果孵化。

（4）构建"综合积分制"的工程应用能力和创新能力评价指标体系。在原有项目课程的基础上增设综合应用创新实践项目，在设计类课程中增设"关键词"开放型项目。例如"机电产品造型设计"课程，设置"3+X"项目，即 3 项已确定的项目，再加上 X 项"创新设计项目"。以制造类专业学生工程应用能力和创新能力的提升为目标开展教学，构建符合工程教育特点的多元同心课程教学模式。该模式针对工程问题或工程实例，以针对性的教学手段，以课堂讲解、课堂讨论、方案设计、系统设计为引导，通过应用知识或理论解决工程问题，促进学生的知识学习、能力培训和素质培养。以报告撰写、成果展示、专利申请为手段，全面检验学生知识掌握和能力培养的效果，从专利申请、论文发表、主持科技创新项目、参加学科技能竞赛获奖、参与导师项目、获奖学金等方面健全评价指标体系，并通过"综合积分"和"虚拟众筹"等多元化方式评价学习成果，对学生的工程应用能力和创新能力进行量化评价。

（5）为学生量身定制项目计划，积极促进学研互动。导师在不同培养阶段为学生量身定制项目计划，项目一般以小型机电产品的创新设计或制作作为载体，具体环节应包含方案设计、结构设计、电气设计、工艺编制、零件制作、整机装配等。每位导师可同时申请指导 1～2 个项目，每个项目组学生数为 3～5 人，通过师生双向选择确定人选。单个项目实施周期一般不少于 8 周，项目完成后应提交技术资料一套，原则上需要申报专利。项目一般安排在课外实施，项目完成情况纳入教师考核并给予经费支持。依托科研创新平台，吸引学生参与应用型科研项目或企业技术服务项目实施，由校内教师通过项目指导等方式培养学生的创新技巧和方法；利用科研团队承担的应用型科研项目，经过凝练、派生，再设计成为学生创新能力培养的驱动项目，优秀项目申请大学生科技创新项目。项目导师制学生项目成果如图 4-3 所示。

图 4-3　项目导师制学生项目成果

4）基于项目导师制的工匠精神培育措施

在项目导师制实施过程中，依托学校良好的实践教学条件和项目制导师团队，在项目开展过程中，通过技术技能积累、创造精神涵养、管理制度约束、创新成果评价，全面提升学生的综合职业能力，倾力打造一批精益求精、技艺高超、专注敬业、勇于创新的现代化"准工匠"。一方面，导师在日常教学、指导实践过程中，除传授技能外，还通过自身的行为规范、技术标准、严谨态度，潜移默化地熏陶引导学生提升技术技能，获取创新思维和创新方法。另一方面，以培养精益求精、追求卓越的精神为关键，以培养具有创新能力的综合技术技能为核心，利用"小班化、项目化、模块化、工厂化"涵养模式，导师将目标和任务合理配置到各培养环节，使学生循序渐进掌握系统完整的技术技能，在实践中养成工匠精神。在这个过程中，学生的技能和素养相辅相成、共同提升。

3. 工作室制培育模式

1）工作室制培育模式的内涵

工作室制培育模式是以工作室为活动平台，以有研究探讨价值的实践性专题或有现实生产价值的项目任务为主线，在一个导师或者技术专家的带领下，学生通过观察、讨论、反思等方式，获得专业技能和职业素养，最后成为独立的生产者和探究者的人才培育模式[①]。工作室制培育模式是以实训课程为主体，发挥教师主导作用，在理论和实践中灵活转换的一种培育模式。在使用这一模式的过程中，应以课本上的理论内容为载体，加大实际训练力度，让学生从中掌握相关理论和实践能力，在学习并掌握专业理论知识与职业技能的同时，掌握相关实践技巧，积累相关实践经验，形成与专业实践相对应的工匠精神。

2）工作室制培育模式的实施基础

在工作室制培育模式的实施过程中，有两个重要基础：一个是工作室的设置，另一个是工作室指导教师的配备。前者是实施的基本载体，后者是实施的重要主体。

（1）工作室的设置。工作室是工作室制培育模式实施的基本载体。工作室有助于学生掌握理念理论知识，并增强其实践能力。职业院校在对学生进行培养时，可以根据企业对人才规格的要求和职业岗位对人才职业技能、工匠精神等的要求设置工作室。例如，工业设计专业可以根据人才培养需要设置绘图工作室、制作管理工作室、创意工作室等工作室。其中，绘图工作室主要面向那些喜欢学习电脑设计知识的学生；制作管理工作室主要培养学生掌握制作工艺、材料、管理等方面的能力，它适宜理性思维较好的学生；创意工作室主要促进学生素质能力、创造性思维的发展。工作室学生动手实践如图 4-4 所示。

---

① 严璇，唐林伟. "工作室制" 高技能人才培养模式初探[J]. 教育与职业，2009（18）：27.

图 4-4 工作室学生动手实践

（2）工作室指导教师的配备。工作室指导教师（图 4-5）是指具备理论教学能力和实践教学能力，同时具备丰富实践经验的教师，是"双师型"教师。在职业院校视域中，"双师型"教师是具有特定职业背景的教育者；在技术学视域中，"双师型"教师是技术技能教育者；在文化学视域中，"双师型"教师是职业文化传递者；在知识学视域中，"双师型"教师是复合知识结构的统合者；在复合视角下，"双师型"教师是具有多重素质结构的技术技能教育者[1]。教育部对职业教育的师资力量提出较高要求，明确"双师型"素质教师的标准，然而就目前国内职业院校的实际情况来看，同时具备丰富的教学经验与超强的实践工作能力的教师并不多。

图 4-5 工作室指导教师向学生示范操作

① 吴炳岳，等. 职业院校"双师型"教师专业标准及培养模式研究[M]. 北京：教育科学出版社，2015：23-34.

建设工作室的关键在于拥有高水平指导教师，这类教师的获得有三种途径：一是全职引进有数年行业企业工作经历的人员，这也是职教院校新教师引进的主导方向，这些人员具备专业特长和丰富的实践经验，需为其量身打造工作室，并通过教学能力培训，使其成为一名合格的工作室指导教师；二是兼职引进行业企业的技能大师、技术能手、非遗传承人等，为其建立校内工作室，吸收相关骨干教师形成指导团队，在开展学生培养工作的同时，也培育了校内的指导教师；三是通过行校企合作，遴选培育校内教师成为工作室指导教师，通过校企人员互帮互学及专业新知识、新技术、新工艺的培训学习，提升校内教师的实践能力，同时制定具有较强可行性的激励考核机制，促进教师的自我学习和自我提升，专兼结合构建实践能力过硬、教学水平高、结构合理的工作室指导团队。

3）工作室制培育模式的运行机制

学生、教师是工作室制培育模式的两个主体。由于教学的实践性非常强，仅通过传授理论知识难以使工作室制培育模式获得理想的效果。对师生而言，实践是提炼专业技能、提高实践操作能力的重要措施。学生可以在实践中反馈问题、积累经验、总结问题，稳步提升学习质量；教师以实际项目为载体，担任设计总监、施工监理、设计顾问等角色，指导学生进行项目设计、制作实践和成果展示，同时引导学生明确自我身份及所要履行的职责。

工作室制培育模式主要以开放型为主，这种教学模式可以提高教学水平和教学效果，引导学生在社会实践中掌握企业的运作模式。要达成培养目标，学生需要在学好专业课程的基础上进入工作室实践。进入工作室后，需要进一步细化和明确专业岗位，以实际项目运作和实际成果呈现为路径，通过团队协作、结果导向、过程考核等措施推进项目实施。同时要灵活管理相关课程，课程教学不能拘泥于某一种方式，应将课程教学与市场灵活性结合起来。例如，许多职业院校的电子商务专业开通网店，让学生边经营网店边学习专业知识技能，并将网店的经营业绩纳入课程与学业考核范畴。

4）基于工作室制的工匠精神培育措施

工作室制培育模式能够结合学生所学，使学生尽早适应职业环境和确定职业发展规划，在工作室中实现工学结合，提升学生的技术技能水平和培养学生的工匠精神。一方面，制定一套切实可行的管理制度，营造企业真实场景的工作室氛围，包括制定工作室管理制度、运行机制、岗位责任制、评价体系的综合管理机制，必要时应有相应的财务、设备管理、定时审计等制度。另一方面，建立行之有效的学生考核评价机制，把学生的创新意识、成本意识、诚信意识、社会责任感、团队协作意识等纳入教学过程与考核内容。工作室制的人才培育模式改变了以往每门课程单独教学的传统方式，学生有很多时间是在做"项目"中度过的，因此可采用项目绩效考核方式，从项目的进度安排、项目的组织实施与管理、项目的业绩绩效、项目成员的岗位表现等方面对学生的综合能力进行测评，以此培养和提升学生的工匠精神与职业素养。

4.2　工匠精神培育的现状

工匠精神是职业院校学生综合职业素质的重要组成部分，在人才培养实践中一直占据不可忽视的位置。2016 年的《政府工作报告》正式强调"工匠精神"后，整个社会对工匠精神的重视提升到了一定的高度，职业院校在技术技能人才培养实践中也更加重视工匠精神培育。那么，目前职业院校学生工匠精神培育取得了哪些成就？又存在哪些问题呢？弄清楚这些问题，对于更好地谋划职业院校学生的工匠精神培育具有重要的意义。

4.2.1　工匠精神培育取得的成就

近几年，职业院校对学生工匠精神的培育越来越重视。例如，《浙江省高等职业教育质量年度报告（2017）》指出，2016 年，浙江省高职院校"有针对性地开展工匠精神养成教育，将追求精雕细琢、精益求精、更加完美的工匠精神，融入到专业学生的人格塑造和职业素养教育，将'工匠精神'的职业道德、职业素养等融入到专业建设和教育全过程"。《浙江省高等职业教育质量年度报告（2018）》指出，2017年，浙江省全省高职院校"把'工匠精神'融入办学理念、专业教育和教风学风，充分挖掘专业知识和技术体系蕴含的精神特质和文化品格，把人文素养、职业精神、职业技能的培育融为一体，在提升专业知识和操作技能的同时，培养学生工作专注、爱岗敬业和创新精神，为地方经济社会发展输送大批卓越工匠人才"。《浙江省高等职业教育质量年度报告（2019）》指出，"浙江省各高职院校坚持以立德树人为根本，把培育工匠精神融入专业建设、资源开发、课堂教学、实习实训和行为习惯等人才培养全过程，凝练专业精神，强化学生职业素养养成。通过大力引进技术能手、劳动模范、大国工匠等来校开展相关活动、讲座等，优化'工匠精神'培育的环境。在专业建设层面，开发'工匠精神'培育操作手册，提炼'工匠精神'内涵要素，制定课程、师资、基地、环境等支持要素的标准要求，建立有效的、具有专业特色的'工匠精神'培育模式以及立体化的考核体系，使专业课堂教学、实训教学呈现标准、有序、高效、规范、节约的特点，培养学生'精益求精'的工匠精神"。《浙江省高等职业教育质量 2020 年度报告》指出，2020 年，浙江省高职院校"不断优化人才培养方案，把'工匠精神'融入办学理念、专业教育和教风学风，充分挖掘专业知识和技术体系蕴含的精神特质和文化品格，把人文素养、职业精神、职业技能的培育融为一体，构建具有文化特征的职业素质教育课程体系，在提升专业知识和操作技能的同时，培养学生工作专注、爱岗敬业和创新精神，着力培养担当民族复兴大任的时代新人和高素质技术技能人才"。《2020 中国职业教育质量年度报告》也指出，"高职专科学校和中职学校始终坚持立德树人，在技能人才培养环节重视内涵提升，尤其强调树立学生的工匠精神"。

但是，对于职业院校学生工匠精神培育取得的成就，目前还没有直接的、正面的、系统的介绍，仅能从部分文献中窥知一二。例如，胡淑贤和邓宏宝通过对职业院校学生所做的调查发现，学生对工匠精神有一定认知，而且部分学生能够自觉践行工匠精神[①]。刘增铁和王可涵在一篇题为《西航职院强化"工匠精神"育人取得突出成效》的报道性文章中指出，西安航空职业技术学院形成了"政军行企校"多元参与的协同育人机制，强化工匠精神培养，培养出了一批具有工匠精神的杰出技术技能型人才[②]。广东南华工商职业学院提出了一种以匠心引领为方向、以育训并举为方法、以文化赋能为方略的工匠精神育人模式。该学院通过开展大国工匠进校园、

---

① 胡淑贤，邓宏宝. 职业院校学生工匠精神培育的现状调查与对策探析[J]. 职教通讯，2020（4）：83-84.

② 刘增铁，王可涵. 西航职院强化"工匠精神"育人取得突出成效[EB/OL].（2020-06-02）[2022-09-12]. https://www.cnr.cn/sxpd/pp/20200602/t20200602_525113796.shtml.

劳动技能竞赛等活动，成立全国职业院校工匠学院，以工匠精神为核心内涵，重构课程体系，校企"双主体"协同育人，搭建"总部+地区分部+标杆企业"三级培训架构，形成了"一核心、双主体、三层级"的工匠精神育训体系，并构建了"匠心文化、劳动教育"校园文化品牌。又如，乐山职业技术学院将有色金属"三线精神"、工匠精神和科学精神融入产业工匠培养全过程，提出了"文化铸魂、精技立业、研创赋能"育人理念，将产业技术领域技术研发项目、产品开发项目、工艺改善项目引入教学"工坊"，开展"三导师"共同实施育训一体的"工坊式"教学，使工匠精神与创新能力两线教学内容在人才培养各环节实现交互配置、融合互补。

为什么会出现这样的情况？结合对职业院校学生工匠精神培育实践的分析，作者认为有两个方面的原因。第一，工匠精神的培育是一个漫长的过程，其成效不会很快显现出来。虽然这几年职业院校对学生工匠精神的培育越来越重视，在师资、课程、教学、拓展活动、育人环境和考核等方面采取了很多促进措施，但是工匠精神的形成是一个漫长的过程，很难在短短几年内就形成特色鲜明、可识别度高的成就。第二，工匠精神的培育成就难以量化。工匠精神是职业素质的精神层面要求，它对学生的职业技能训练、理论知识学习、劳动习惯养成和人际交往能力形成等都会产生一定的影响，而且这些影响不是独立发生作用的，其成果也是难以量化的。当然，学生在各级各类技能竞赛中取得优异成绩、学生就业质量大幅提高等显性成绩可以在一定程度上反映工匠精神培育的效果，也可以算作工匠精神培育的成就。

4.2.2　工匠精神培育存在的问题

虽然近些年职业院校学生工匠精神的培育开始受到重视，但是由于它具有培育过程漫长、培育成就难以量化及培育基础较为薄弱等特点，实践中仍然存在许多问题，主要表现在师资、课程融入、教学体现、拓展活动、育人环境和考核六个方面。

1. 师资方面存在的问题

师资是职业院校进行学生工匠精神培育的重要基础性条件，但是对学生进行工匠精神培育的师资应该具有怎样的素质特点，职业院校还不是很清楚。很显然，职业院校现有师资的素质是在长期的以职业技能培育为主的环境中反复实践形成的，这样的素质与工匠精神培育所需要的教师素质有何区别与联系？职业院校教师该如何以现有条件为基础进行工匠精神培育所需素质的培养？如何使教师既具备工匠精神培育所需要的素质而又不削弱职业技能培育所需要的素质？如何评估职业院校教师进行工匠精神培育所需素质培养的效果？如果真正要对学生工匠精神的培育重视起来，职业院校就要考虑这些问题，明确职业院校教师进行工匠精神培育所需素质的培养方向，并规划出一条切实可行、稳步前进的路径。

2. 课程融入方面存在的问题

课程是职业院校进行学生工匠精神培育的重要载体，如果不将工匠精神的要素融入课程中，职业院校学生工匠精神的培育就没有了依托，就难以取得明显的效果。一些职业院校在对学生进行工匠精神培育时，未能实质性地开展相关工作，导致其培育活动无法深入推进。那么，职业院校学生工匠精神由哪些要素构成？其提炼的方法与过程是怎样的？职业院校学生工匠精神要素应融入哪些课程，如何融入，且融入程度应如何把握？这些问题都需要职业院校进行系统的梳理设计与实践探索。

3. 教学体现方面存在的问题

教学是实现职业院校学生工匠精神培育目标的重要途径，职业院校对学生进行工匠精神培育应通过教学实践体现出来。那么，在职业院校的理论课教学、实践课教学、竞赛指导和考证辅导等不同的教学实践中，应该如何处理"工匠精神培育"与"职业技能培育"的关系，以便更好地进行工匠精神培育？不同教学实践中的工匠精神培育有何区别与联系，是否需要进行统筹安排？一些职业院校在对学生进行工匠精神培育过程中没有考虑这些问题，大多在理论课教学和实践课教学的实施过程中偶尔提及工匠精神，这表明工匠精神在教学实践中涉及较少。显然，这样的教学对于工匠精神培育没有起到应有的作用。

4. 拓展活动方面存在的问题

第二课堂拓展活动是职业院校学生工匠精神培育的有效补充，也是实现职业院校学生工匠精神培育目标的重要途径。在以往的职业院校技术技能人才培养过程中，第二课堂作为职业技能培育辅助措施和学生全面发展的重要途径得到了人们的广泛认同。在学生工匠精神培育受到重视后，第二课堂更多地强调学生工匠精神的培育，工匠精神培育由"配角"成为"主角"。但是，第二课堂的构成要素，如工匠讲坛、创客工坊、精益拓展活动等是否全面、科学？它们对学生工匠精神培育的作用是否符合相关专业（群）技术技能人才培养的需要？利用这些要素培育学生工匠精神该如何实施？等等。这些问题会在一定程度上制约职业院校学生工匠精神的培育。

5. 育人环境方面存在的问题

育人环境是职业院校学生工匠精神培育的重要支撑。职业院校一般会认识到良好的育人环境在学生工匠精神培育中有积极作用，但是育人环境包括哪些方面？其作用具体是什么？该如何利用育人环境来促进学生工匠精神培育？很多职业院校可能尚未对这些问题进行过系统、深入的思考。职业院校中的育人环境就像藏身于原石中的玉珠，还未经打磨，更缺乏串联的"红线"。虽然育人环境在学生工匠精神培育中可以发挥一定的作用，但是远未达到应有的水平，这会对职业院校学生工匠精神的培育产生不利影响。

6. 考核方面存在的问题

考核是职业院校学生工匠精神培育效果检验的主要途径。在职业院校技术技能人才培养实践中，尽管对考核一直很重视，也制定了很多标准和规定，但是以往的人才培养实践是以职业技能培育为主体的，工匠精神培育处于边缘化地位。因此，相应的考核标准与规定也以职业技能培育为主、以工匠精神培育为辅，这显然不满足当前对职业院校学生工匠精神培育效果的检验要求。然而，职业院校学生工匠精神培育活动应该包括哪些内容？其考核标准应该如何制定？又应该采用哪些考核手段？可能有不少职业院校还未开展这方面的探索，有一些职业院校即使开展过，也可能不够系统和科学。这不仅会对学生工匠精神培育效果的检验产生不利影响，也会在一定程度上制约学生工匠精神的培育。

案 例

金华职业技术大学"三阶段、四融入"的工匠精神培育创新与实践

作为全国双高计划高水平学校建设单位 A 档院校的金华职业技术大学，针对长期以来学生职业素养养成中的一系列问题，从构建培养新模式、设置职业素养课程、建设"工匠之师"队伍、开辟校企合作培育新途径、完善评价考核体系等方面探索出了一种"三阶段、四融入"的工匠精神培育模式，取得了良好成效。

1. "三阶段、四融入"工匠精神培育的内涵

"三阶段、四融入"工匠精神培育是结合职业岗位素养要求与专业特质培养规划养成内容，结合企业管理模式与日常教学管理推行养成过程，结合学业评价实施养成考核，在系统性养成体系建立、全程融入养成实施和素养量化考核等方面形成的。这种模式明确了不同专业（群）职业素养培养的共性与特性要求，构建了素养要素培育框架，明晰了素养培育的具体内容、载体与途径，能有效解决素养培养与职业岗位素养要求的相关性问题。

2. "三阶段、四融入"工匠精神培育的具体举措

1）规划"三阶段"养成过程

通过认知、养成到深化"三阶段"的养成，学生在熟悉岗位素养要求的基础上，热爱职业岗位，树立职业理想，履行职业规范，一步步形成职业习惯。

认知阶段：主要针对一年级学生开展工匠精神认知。例如，在新生入学时，发放《工匠精神养成之旅》读本，以简洁生动的文字及图片说明针对就业岗位要求，个人在职业素养养成过程中的注意事项，使学生明确应做什么、该如何做；组织企业参观、岗位体验，邀请企业人员来校讲座，使学生了解行业企业与职业岗位，初步形成职业意识、职业规范、职业道德等方面的素养。

养成阶段：主要针对学生在校内学习生活过程中工匠精神的养成。在实训室、教室、寝室实施"三室管理"，推行 5S 管理，即整理（seiri）、整顿（seiton）、清扫（seiso）、清洁（seiketsu）、素养（shitsuke）五个环节，使学生明确精益管理"如何做"与"坚持做"。将工匠精神的内涵与课程教学、学生活动、日常管理及专业文化相结合，并设置考核模块与量化标准，使学生在有目标的养成过程中逐步提升工匠意识。

深化阶段：主要针对学生在校内外综合性实践过程中工匠精神的养成。加强学生在暑期专业实践、毕业岗位综合实践、学科技能竞赛训练、现代学徒制跟师过程中的素养教育与管理，在实践内容与考核中设置工匠职业素养培养要素，在真实的职业环境下使学生形成自觉践行工匠精神的素养。

2）开拓"四融入"培养途径

"四融入"是指通过将工匠精神融入课程、活动、管理、文化等方面，使有形的教学活动、管理活动与无形的文化熏陶、职业感悟有机结合。这种举措的着眼点在于提升培育成效，在顶层设计时就注重素养养成的全过程融入，试图将抽象的职业素养培育落到实处。

课程融入：根据工匠精神要素培育图谱，明确各门课程对应的素养培育要素、具体教学内容及考核要求，并列入课程标准。课程分成通识课、专业课和综合实践课三类，不同类别课程的素质教育的侧重点不同。具体内容主要包括："工匠精神"融入通识课的学习中，包括思政类、英语类、就业创业类等课程，主要融入终身学习、诚实守信、法律意识、社会责任、团队协作、沟通交流等要素，在教学中采用分组讨论法、演示法、案例法、读书指导法、自主学习法等方法进行认知与体验教育。

活动融入：将"工匠精神"融入第二课堂活动中。对应学程合理规划第二课堂内容与活动方式，通过指导教师有意识的组织引导，开展相关的实践活动，培养学生的创新意识、工匠精神、团队协作等素养。例如，抓好专业社团的建设，对接各专业各比赛项目，打通专业社团活动训练、专业社团竞赛选拔、学院集训挑选、省赛、国赛这样一条学科技能竞赛的通道，全体学生通过各种专业活动参与到各类学科技能竞赛中，并通过专业活动培养爱岗敬业、精湛技艺、职业规范、创新意识、团队协作、沟通交流等素养。

管理融入：将"工匠精神"融入学生学习生活的管理中。将5S管理要求落实到实训室、教室与寝室行为活动中。实施实训室与寝室的看板管理，通过常态化的检查评价，引导学生建立良好的工作规范与生活习惯。此外，在实训室布局上，打造仿真的生产环境，不仅使学生熟悉生产过程，也让学生体验到企业工作的重质量、讲实效、快节奏的特点。在实训室标识上，设置相关区域、岗位标识，对设备运行状态、维护维修情况、生产区域清洁整理情况等内容进行明示标识，并配备生产管理看板，使学生明确在何处何时做何事，提高工作效率，避免出现差错。

文化融入：通过营造专业文化氛围渗透工匠意识。在专业文化中引入敬业精神、工匠精神、忠诚意识、循规守纪等企业文化因子，并与教学体系融合培养和传承，使学生养成一种明确的、特有的职业气质与行为准则。在氛围营造上，将专业文化转化为标语、名言、规程、案例等，布置在实训室、教室、寝室等学生活动场所，采用图文并茂的形式表达，使学生在日常学习生活中耳濡目染，加深对专业文化精髓的理解与贯彻。对着装规范、错误操作、安全环保等案例进行展示，对精益化生产管理、工匠型人才素养要求进行明示宣传，营造职场化的文化氛围，在潜移默化中培养学生的守规程、重质量、讲实效等素养。

3）开设一门课程

（1）设立"劳作素养"课程。金华职业技术大学在对学生工匠精神培育的探索中，首创了开设一门课程、搭建一个平台的举措，一方面加深学生对职业素养培养认知的深度，另一方面保证信息的及时采集、统计与掌控。开设一门课程是指在装备制造专业（群）各专业人才培养方案中设置贯穿六个学期的学分制课程"劳作素养"。该课程性质是基于工匠精神系统化培养的一门公共基础课程，分六个学期完成，共计40个课时。该课程以体验性学习为主导，以自主学习为主体，使工匠精神成为学生日常学习、工作和生活的自觉行为，从而通过潜移默化的熏陶内化提升学习能力、沟通能力、组织能力、执行能力和创造能力。

（2）专业教学渗透。为将工匠精神渗透到专业课程的教学中，使之常态化进行与评价，金华职业技术大学每门专业课程和实践课程的上课教师每月均需提交"教学场所学生职业素养评价表"。在理论课堂和实训课堂中，都有职业素养方面的扣分项。专业课程和实践课的教师对学生课堂上的职业素养的评价内容包括带零食入教室、课堂内玩手机、未穿实训服、未整理实训器材等，学生未完成的都有相应扣减分，计入课程的最终成绩。通过此种方式使精益管理向专业教学渗透，并把学生行为规范作为课程评价的一部分，有助于增强学生对职业素养的重视。

（3）搭建教学管理平台。利用教务管理系统这个平台，针对在校生平时在课堂职业素养的表现情况，由上课教师和值班教师登录系统输入职业素养数据，便于教学管理部门及时统计、及时分析，做到实时公布、实时知晓学生的表现情况。通过这个平台，还可以对各学期学生的职业素养数据进行对比，并根据统计结果适时调整职业素养的评价内容和方式。

4）建立工匠精神养成量化考核体系

为保证职业素养考核评价的全面性，考核评价方式依托"劳作素养"课程，制定了各模块的量化考核细则与标准。其考核模块分为各课程素养评价、本课程知识传授、第二课堂活动、寝室活动、操行文明、志愿者活动六个模块，并设立否决项，各模块由责任教师与部门完成评价，教学管理部门最终完成统分，计为此门课程成绩。该课程每学期评价一次，如果成绩不及格，则可采用志愿者服务形式进行补考。

该考核体系将各考核标准内容量化，明确考核要点、得分值或扣分值，保证了素养考核的有效性与可区分度。以一门课程为载体分模块实施职业素养考核，课程成绩作为学生毕业资格获取、评优评奖的依据，将素养考核引入学业考核范畴。将素养要素进行量化考核，考核过程定时定位，能充分体现评价的科学性、时效性，进而提升学生在素养养成过程中的自觉性与积极性。

3. 工匠精神培育成效

金华职业技术大学以"三阶段、四融入"为主要路径，设立了完善的考核评价机制，明晰了工匠精神培育的具体内容、载体与途径，有效解决了工匠素养培养与职业岗位素养要求的相关性问题。此模式经过长年实践，取得良好的实施效果。

学生职业素养得到提高。学校形成了包含课程、管理制度、量化考核细则等在内的操作范本，并编写了《工匠精神培训操作手册》；开发的在线开放课程"精益管理"获国家级精品在线开放课程称号，同时开展了全部专业课程的课程思政改革。近年来，专业群学生获全国职业院校技能大赛奖项 18 项，全国大学生创新创效大赛金奖 2 项，学生作为第一发明者获国家专利 500 余件。

用人单位对学生职业素养的满意度提升。研究者对 105 家用人单位做了学生职业素养满意度调查，98%的用人单位认为有较大提升。"三阶段、四融入"的全过程培养模式，不仅仅让学生重视操作技能的提升，更将素养提升意识贯穿工作和生活的各方面。该学院的做法得到了用人单位的高度认可。

第5章

工匠精神培育与教师队伍

观点精要 　教师是教育改革发展的第一资源，是促进职业教育高质量发展，培养高素质技术技能人才、能工巧匠、大国工匠的主力军。强教必先强师，建设一支数量充足、素质过硬、特征鲜明、充满活力的"工匠之师"，是加强工匠精神培育的根本保障，更是推动职业教育高质量发展的内在动力。进入"十四五"时期，正值工业现代化进程提档升级的关键阶段，职业教育"工匠型"教师队伍建设也进入关键转型时期。明确"工匠型"教师的内涵与要求，形成"工匠型"教师队伍培养途径，是提升工匠精神培育效果的关键要素。

5.1 "工匠型"教师的内涵与特征

职业院校工匠精神培育所具有的隐性、长期、实践等特点，要求新时期"工匠型"教师既能够掌握先进教育理念、熟悉产业状况、服务产业转型，又要具备优秀的工匠精神素质。

5.1.1 "工匠型"教师的内涵

"工匠型"教师是大国工匠之师，是为战略性新兴产业和先进制造业培养优秀技术技能人才的专业教师，是职业院校教师队伍的支柱。"工匠型"教师是指一丝不苟地掌握专业知识、严谨求实地锤炼实践技能、精益求精地研究教育教学、时刻保持爱岗敬业的学习钻研精神和追求卓越的创造探究精神的教师；他们要具备良好的职业道德并以工匠精神作为职业信仰来教育、引导学生，致力于为社会培养高品质的技能人才[①]。相较于传统的"双师型"教师，"工匠型"教师除了注重职业技能与教学能力，更加关注工匠精神的养成。从某种意义上来说，"工匠型"教师是"双师型"教师的升级，属于高级"双师型"教师的范畴[②]。

"工匠型"教师的内涵主要包括三个方面：从匠技看，"工匠型"教师具有技术性特征，专业基础扎实、技术技能过硬、教学技能卓越；从匠心看，"工匠型"教师具有职业性特征，师德高尚、爱岗敬业、为人师表、关爱学生；从匠魂看，"工匠型"教师具有人文性特征，精益求精、敬业乐业、创新超越。职业院校"工匠型"教师的外延表现往往有两类：一类是具有娴熟专业技能的专业实训教师，这类教师在某一专业技能方面有"绝活"；另一类是掌握扎实专业理论知识和娴熟的工程应用能力的"理实一体化"专业教师，这类教师在某一领域技术攻关能力突出[③]。

5.1.2 "工匠型"教师的特征[④]

1. "工匠型"教师在师德规范上具有自律性

"工匠型"教师政治立场坚定，遵章守纪，热爱教育事业，具有远大的职业理想；加强师德师风自我教育，为人师表，治学严谨，勇担社会责任，将"有理想信念、有道德情操、有扎实学识、有仁爱之心"作为追求的目标；以德立身、以德立学、以德施教、以德育德，坚持教书与育人相统一、言传与身教相统一、潜心问道与关注社会相统一、学术自由与学术规范相统一，争做先进思想文化的传播者、党执政的坚定支持者、学生健康成长的指导者。

2. "工匠型"教师在知识结构上具有多元复合性

"工匠型"教师入职前已接受深入的学科理论知识和实践技能培训，具备运用现代信息化手段开展教学的能力，入职后能够接轨市场找准科研和服务方向，积极参与在职培训、自主研修、带生竞赛、技术攻关、社会服务等，不断补足学科专业上的漏洞，更新学科理论知识和专业实践技能，并结合自身实践成果和案例改造课程内容、创新课堂教学方式，能够运用大数据、人工智能与互联网技术开展空间教学、

① 李妙娟. 产教融合视域下高职院校"工匠型"师资培养困境与路径选择[J]. 福建教育学院学报，2020，21（10）：93-95.

② 曾全胜，刘文娟，龚添妙. 高职院校"工匠型"教师培养探析[J]. 教育与职业，2022，（4）：96.

③ 同②。

④ 同②。

智慧教育。在教学活动中，"工匠型"教师不断实践与总结，通过有效观察、批判、评价自身认识与行为，自主构建新认识和践行新行为，形成以反思性知识为特征的认知结构。

3. "工匠型"教师在能力结构上凸显实践性

"双师型"教师属于"一专多能"型人才，他们除了精于教学，完成规定的理论和实践课时数外，还通过企业实践、挂职锻炼、联合攻关、社会服务等方式，承接企业横向课题、开展科技攻关项目、积极参与行业标准制定。这类教师不断保持对新标准、新技术、新工艺、新产品、新知识的学习和研发，同时将这些成果反哺于教材建设、课程改革、技能大赛、专利申报等内涵建设。

"工匠型"教师处于"双师型"教师的顶部，在专业与课程建设上，不仅要熟悉专业与课程所面向职业岗位群的工作任务、要求及操作流程，而且要熟悉职业岗位实施的技术规范，并实时跟踪新职业、新岗位出现后关联的跨界知识和技能；在教学设计与教学实施中，除了要体现严谨的课程与教学设计能力、清晰的逻辑思维能力、流利的口头表达能力、灵活的教育技术应用能力、全方位的教学组织管理能力，还要能够结合企业真实生产任务设计教学任务、改造课程内容、编写新形态教材；在工程实践中，不仅要具有娴熟的专业技能，而且要具有一定的组织生产管理、科研创新和科技推广能力，能够主持行业企业的技术攻关和应用技术推广工作。因此，"工匠型"教师在专业与课程建设、教学设计与实施及工程实践中，其能力结构都凸显实践性。

4. "工匠型"教师在职业素养上彰显专业性

在专业与课程建设、教学与科研实践中，"工匠型"教师时刻将积极的教学信念、专业标准意识、职业规范操守贯穿教育教学中。这类教师具有超强的安全意识，养成了良好的安全行为习惯，始终将安全知识和安全行为贯穿教育教学中；具有敏锐的质量意识、丰富的质量知识和坚定的质量信念，并将其贯穿教育教学中；具有很强的保密意识和知识产权意识，自觉将保密教育和知识产权教育贯穿教育教学中。因此，作为"工匠之师"的职业院校教师须提高自身的职业素养。

5. "工匠型"教师在专业领域上具有权威性

"工匠型"教师作为职业教育及行业领域内牵头制定标准的主持人，在教学上的权威主要表现在：能主持制定或修订专业教学标准、课程标准等教学文件；能主持专业与课程重点项目建设，规划开展实训室建设工作，采购和开发实训教学装备与实训项目；能主持教育教学改革，指导青年教师成长等。在技术技能上的权威主要表现在：能承担企业的技术标准、技术规范、工艺文件等技术文件编制工作；能组织产品研发、技术革新；能开展新技术推广服务等。

6. "工匠型"教师在专业发展上呈现时代性

新时代的"工匠型"教师要有生态化发展理念、互联网思维、人工智能素养等时代特征。要实现生态化发展，需要拥有生态世界观，具有扎实的生态理论基础和与时俱进的生态践行能力，能够建构生态型课程体系、生态教学模式和营造生态文明教育氛围。充分利用网络和新媒体的技术、方法、规则等创新要素是职业教育改革服务于产业升级转型的时代需求。作为人工智能时代背景下的"工匠型"教师，需要具备人工智能素养，掌握先进的人工智能知识与技术，并将其运用于教学与实践中。

综上所述，"工匠型"教师首先是一个爱国守法、品德高尚、身心健康、关爱学生的人，其次是一个既具有理论教学能力和实践教学能力又具有丰富实践经验和一定科研能力的合格的教师，再次是一个具有爱岗敬业、精益求精和求实创新等工匠精神的人。新时期职业院校的教师除应具备一般教师所必备的基本素质（如道德素质、专业素质、身体素质等）外，还应跟上日新月异的产业技术变革的步伐，实时掌握产业变化中最新的专业技术知识，熟知用人单位所需的人才规格；既能够清晰阐述理论问题，又能够深入解析实践问题的基本原理与操作要领，也能够把握专业技术发展的未来走势，教会学生"是什么""为什么""怎么做"，用自身行动和成果诠释爱岗敬业、精益求精和求实创新等工匠精神，在答疑释惑、带生指导、共创共研中帮助学生习得并养成工匠精神。

5.2 "工匠型"教师的培养现状及培育策略

我国职业教育已迈进以质量提升为主的内涵式发展阶段，在这一背景下，"工匠型"教师队伍建设不仅要突出职教性、凸显行业性，还要满足专业性、开放性、终身性和国际性等时代诉求。近年来，职业院校教师队伍整体素质有显著提高，但整体而言，还存在"工匠型"教师资格标准不完善、"工匠型"教师专业技术职务（职称）评聘导向失之偏颇、高技能人才到职业院校兼职的政策渠道和考核管理制度不健全等问题。职业院校"工匠型"教师队伍建设是涵盖职前培养、入职和职后培训，以及教师教学生涯中聘用、发展、管理的动态系统过程，应从多维度出发确立标准，加强高水平"工匠之师"的培养，构建可持续发展的"工匠型"教师生态圈①。

5.2.1 "工匠型"教师的培养现状

1. "工匠型"教师培养体系不完整

在各级领导的讲话及教育系统的各种重要文件中经常会提及"工匠型"教师和"双师型"教师，但目前对于"工匠型"教师的内涵和素质要求的表述还是较宽泛的，对"工匠型"教师的内涵和特征各界还没有达成统一的认识，职业院校尚未单独设立"工匠型"教师这一类别，缺乏健全的"工匠型"教师培养及考核体系；对"工匠型"教师的专业知识标准、专业能力标准和个人专业素养标准等认定不完整，在培养标准建设、培训课程开发、培养平台建设、考核与评价标准制定等方面的规范度不够，致使"工匠型"教师培养标准普遍沿用已有的教育部"双师型"教师认定条件要求；对"工匠型"教师专业成长规律把握不够，"工匠型"教师培养缺乏系统规划。

2. "工匠型"教师培养机制不健全

一是缺乏严格的准入制度，未建立明确且具有可操作性的"工匠型"教师准入标准，不利于提升"工匠型"教师队伍建设的起点。二是校企联合培养"工匠型"教师的体制机制存在堵点，诸如职称评审年限认定、薪资福利计发、职务升迁等。三是缺乏培养成效的约束措施，可将"工匠型"教师培养任务和成效纳入各二级单位目标责任制考核，压实建设任务。四是缺乏激励政策，可调动专业教师职称晋升这一指挥棒，除教学型职称外，增设实践型职称类型，引导在科研和社会服务方面有特长的教师深入社会基层和企业一线进行科研攻关，把科研论文写在广袤的大地上，而不是将所有精力都放在职称提升所需论文、专著和课题成果的积累上，促进

---

① 王振洪，成军，邵建东. 浙江省高职教育发展报告（2006—2015）[M]. 杭州：浙江大学出版社，2016：147.

"工匠型"教师可持续发展。五是将"工匠型"教师与教授、博士同列为高层次人才序列，享受同样的职务晋升、薪资福利等待遇。

3. "工匠型"教师培养效果不明显

职业院校"工匠型"教师培养的主要途径是暑期社会实践、访工访学、企业顶岗、校内外培训等，实践单位多由教师自行选择，存在只盖章而无实质性参与的漏洞，加之过程督查存在难度、缺乏针对本专业特点的实践成果考核办法、实践单位参与性不高、培养内容难以与时俱进、培养内容与教师的实际需求不匹配、只注重教师教学能力与专业技能的培养而不重视教师工匠精神的培育等诸多问题，"双师型"教师培养效果不是很理想。另外，多数职业院校没有认识到教师自身学习的重要性与个体成长的差异性，没有为教师自主学习成长提供好的平台和设备，缺乏对专业教师成长的个性化指导和培训，培养的个体针对性不够。

5.2.2 "工匠型"教师的培育策略

"工匠型"教师的培育是一个系统工程，包括师德师风、教育教学、专业技能、学术研究、技术服务等多方面。"工匠型"教师培育应对接区域经济社会发展需求，紧扣新时代职业教育"校企合作、工学结合"的办学定位，以"双师型"队伍建设为核心，联动校内外资源，坚持立德树人、以德为先，以体制机制建设为保障，通过"内培外引"，扩数量、调结构、丰内涵，强化职前培训、职后培养及教师教学生涯中聘用、发展、考核的动态系统管理，各专业及专业群基本形成一支由专业带头人引领、以骨干教师为主力的"双师"结构、专兼结合、校企互动、一体化管理的"工匠型"教师队伍。

1. "多管齐下"推进师德师风建设

加强师德师风建设是培育"工匠型"教师思想政治素质、师德素养及工匠精神的关键所在。职业院校要坚持以德立教，让师德师风成为"工匠型"教师培养的主旋律。

（1）形成建设合力。学校党委、各基层党组织、人事部门、工会、共青团等部门、组织要共同参与建设，创设师德大讲坛、师德师风专题培训、师德楷模报告会等形式多样的师德师风教育和践行载体，依托教师发展中心、实战教学公司等平台导入师德教育课程，发挥校内工匠精神培育经验交流、典型引领的示范作用，大力倡导"敬业爱生、博学善教"的教风，营造勇于探索、精益求精的工匠精神传播氛围。

（2）选树师德师风先进典型。开展"优秀教师""学生最喜欢的教师""师德标兵"等评选活动，广泛宣扬师德师风先进事迹，建立良好的师德舆论宣传导向。

（3）建立健全师德师风建设长效机制。把牢教师入职审核关，将思想政治素质、思想道德品质、职业素养等作为聘用的首要考查内容。在新进教师培训中，将师德师风、依法从教贯穿培训始终，培训结果作为教师当年转正定级的重要依据。将师德师风作为教师评先评优、绩效考核、职称评聘、岗位聘用的首要条件，一旦发现教师存在有违师德师风的行为，则实行"一票否决"制并进行严肃处理。落实各项听课制度，建立校、院、校外三个层次的督导听课制度。不定期召开师生座谈会，听取师生对教师师德师风等情况的意见和建议。让"工匠型"教师师德师风建设落到实处，内化于心，外化于行。

2. "对接市场"优化师资结构

职业院校需紧贴区域产业发展急需的高层次人才需求，全职引进有企业实践背景，有竞赛获奖、专利发明及主持高层次课题项目等履历的专业领军人才、工程师及硕士研究生、博士研究生等高端人才。打破唯身份、唯学历等偏见，不拘一格从企业一线引进技能大师、技术能手，与引进的高层次学科学术型人才享受同等的引进待遇，在短期内汇聚起一支"工匠型"高端师资队伍。另外，根据教学实训、专业建设和教师队伍建设需要，面向社会、行业、企业聘任，重点选择校外实习教学基地的管理专家、技术骨干和能工巧匠担任兼职教师，主要充实实践指导教师岗位，成为职业院校"工匠型"教师队伍的重要组成部分。有了兼职教师，学生既可以在校内获得鲜活的实践真知，也可以在兼职教师所在单位的生产环境中接受实践锻炼。

对外扩充优质"工匠型"教师数量的同时，以教师专业技术职务评聘为牵引，不断优化"工匠型"教师占比。随着我国全面下放高校教师职称评审权，职业院校应充分发挥教师专业技术职务评聘工作的引导和激励作用，根据不同类型教师的岗位职责和工作特点对教师系列（不含学生思想政治教育教师）职务进行分类管理，在以往侧重教学为主型的评审分类中拓展出教学科研并重型、科研为主型、社会服务推广型等类型。

3. "项目驱动"提升技能水平

建立"项目驱动"培育机制，通过完善的培养准入机制、约束机制、激励机制、长效合作机制、经费保障机制等提升教师发展内生动力。针对"工匠型"教师培养的长周期性和教师个体需求的差异性要求，以分层培养为抓手，构建协同培养新模式。

（1）通过"高层次人才梯队培养工程""双师素质培养工程"等项目的实施，将技术技能人才和学科学术型人才一同列入高层次人才梯队。政府出台相应政策鼓励教师提升学历的同时，教师积极参与各类技能和创新创业大赛、担任行业协会大赛及活动评委、参与企业职工技能工种考核认定，获取技能大师、职业技能资格、技术工种考评员等称号和资质；职业院校创设企业顶岗、暑期社会实践、访工访学、校本培训、政府培训、高校进修、国际交流等多样化的学习提升形式，组织教师到企事业单位短期或脱产开展项目合作、科研攻关等，参与企业服务团队，服务于"一带一路"共建国家和"走出去"企业，不断提升技术应用和工程实践能力，提高"工匠型"教师应用所学进行教学改造的能力。

（2）针对兼职教师不了解教学规范、缺乏教学经验等实际情况，加强兼职教师培训，在其上岗前进行教育理论、教育心理学和教学方法、科研方法、学校教学规章制度等方面的培训。通过制定兼职教师教学工作流程，统一规范兼职教学行为，方便学校及时、准确、全面掌握兼职教师教学过程中学生的表现情况，及时干预并改进教学效果。

（3）搭建"工匠型"教师"政校行企"优质协同培养平台，充分发挥政府、学校、行业、企业等多方资源与优势，完善校企合作相关制度，明确企业开展"工匠型"教师培训的职责、权利，规范"工匠型"教师培训的内容、考核方式等。同时，职业院校应根据专业发展需要网罗校外专家和技术人才，共同建设工程技术研究中心、研究所、教学名师工作室、技能大师工作室、创新创业孵化基地等平台，通过这些平台为"工匠型"教师提供组建优质团队的契机、良好的科研与技术攻关条件和技术技能历练的项目载体。

（4）完善经费投入机制，多渠道筹措经费，保障"工匠型"教师培养所需经费。

4. "建章立制"规范评聘管理

职业院校建立健全系统化、规范化、科学化的"工匠型"教师考评机制，通过教学业绩工作考核、双师能力考核、专业技术职务评聘、岗位聘期考核等常态化、周期性考核评价，辅之单项性、发展性或针对特殊时期的不定期、多元化的考核评价项目，以评促建，以评促改。

（1）建立岗前培训与能力测评机制，加大专业教师岗前培训力度，引入先进的职业能力测评体系，特别是要建立专业技能测评体系，开展专业技能测评，严格把控"工匠型"教师培养的准入标准。

（2）建立"双师"考核机制，按教师职业能力等级和职业发展要求制定新进、初级、中级、高级"双师"教师资格分级认定标准，加强"工匠型"教师培养的全过程管理和考评，从而形成有力的约束机制。

（3）健全"工匠型"教师考评机制，针对侧重科研和社会服务的"工匠型"教师建立初级、中级、高级专业技术职务评聘资格条件。首先，在广泛深入调研的基础上剖析"工匠型"教师的职业能力要素，构建职业核心能力模型，界定核心要素的特征权值，并据此开发教学能力标准；其次，结合"工匠型"教师专业化发展要求，从专业实践知识、专业实践能力和专业实践素养等方面对专业技能进行解构，构建"工匠型"教师专业技能通用标准；最后，根据专业群进行分类，制定针对不同专业群"工匠型"教师的专业技能考核与评价标准，促使"工匠型"教师在职称评定后不敢懈怠。对于聘期考核不达标的"工匠型"教师，则降低其职称等级，直接影响其绩效工资、奖金和福利待遇等切身利益。通过"可上可下"的考评用人机制，促使"工匠型"教师全力以赴提升科研和社会服务等考核业绩。

（4）加强专兼一体化管理，形成校企协同培养的长效合作机制。政府应出台管理办法，将兼职教师编入课程组，吸纳他们参与项目部、工作室、研究所、工程中心等校内组织，结成项目攻关团队，共同致力于教学改革、课程建设、科研攻关、技术研发等，帮助他们参加教研活动，定期组织兼职教师与专职教师间的座谈研讨、经验交流、联谊活动等，引导启发本校教师提高工匠素养和能力。职业院校应搭建多种形式的专兼教师互动合作平台。例如，与行业企业共建技术联盟，以技术交流为纽带加强交流合作；在校企利益共同体的架构内组建内部"讲师团"，形成教学科研的共同体；开展专兼教师"一对一"结对活动，即专职教师指导兼职教师开展备课、组织教学，兼职教师指导专职教师提升实践技能，在互动中共同提升，实现双赢。按校内兼职、校外兼职两种类型及兼职教授、兼职专业带头人、兼职讲师和实践指导教师四种类型，分别规定工作职责和经费补助标准。对兼职教师进行考核，尽量让考核办法接近企业考核方式，以使兼职教师更容易理解与适应，根据兼职教师的职称、资历、表现、成果等支付薪酬。在为兼职教师创造良好工作环境的同时，允许其灵活安排授课方式以解决其本职工作与兼职工作的冲突，开通专业技术职称评定和高校教师职称评定两条通路，为兼职教师职称晋升创造有利条件。对于业绩突出且专业长期需要的兼职教师，可给予其更长年限的续聘承诺，甚至将其转为专职教师，以此吸引、留任兼职教师。通过明晰校企协同培养主体的责任、权力、利益，形成长期良性互动、稳定、持续、有效的深度合作，实现资源优化配置，充分发挥各方相对优势和整体效应，促进培养效果最大化①。

案例

金华职业技术大学机电工程学院"工匠之师"要求细则

在对装备制造大类"工匠型"师资考核中，就品德素质、教育教学和技术技能三个方面提出了明确的要求，每个方面又有若干不同的细化要求。具体如下。

1. 品德素质

（1）热爱职业教育事业，遵守国家高等职业院校教师职业道德规范。

（2）拥有正确的人生观和价值观，能以积极、乐观的心态对待人生，成为正能量的传递者。

（3）拥有高尚的人格魅力，为人师表，对学生有爱心，并能尊重学生。

（4）对学生严格要求，耐心教导，不偏不袒，不以师生关系谋私利。

（5）具有较高的修养情趣，坦诚宽容。

2. 教育教学

（1）具有教师职业资格证书，熟悉职业教育教学理论。

（2）遵守教学规范，追求教学质量，具备精益求精的教学理念。

---

① 胡正明. 数学今华：金华职业技术学院文化育人源、知、行[M]. 北京：高等教育出版社，2019：355.

（3）具备教、学、做一体化教学能力，能熟练运用现代化信息技术手段开展教学。

（4）具备良好的语言表达能力及课堂组织与管理能力，能通过教育教学能力测评。

（5）主持或主要参与开发机械类专业主干专业课程或编写相关教材。

（6）近 5 年曾主持市级及以上教育教学改革课题。

（7）熟悉慕课、翻转课堂等教学模式，能制作微课、微视频等教学素材，并能应用于实际教学。

（8）已主讲 1 门及以上机械类专业类课程，且近 5 年教学业绩考核为合格以上。

3．技术技能

（1）具有中级及以上专业技术职务或拥有高级及以上职业资格证书。

（2）取得机械行业或职业的中级及以上资格证书并获得认定。

（3）熟练掌握 5S 管理的内涵及操作方法。

（4）至少具备下述条件中的 2 项。

① 有连续半年（或累计 1 年）在企业（行业）第一线从事机械专业实践锻炼和挂职锻炼的经历，并经考核获得认定。

② 曾主持或主要参与完成省级及以上应用技术研究课题或技术改进项目。

③ 曾主持完成横向课题且到款经费合计 20 万元以上。

④ 教师个人获得省级政府举办的技能竞赛三等奖及以上奖项。

⑤ 指导学生参加各类全国性、省级职业院校技能大赛、学科技能竞赛获得省级二等奖及以上奖项（排名前二）。

⑥ 获省教育厅颁发的技能大赛优秀指导教师奖。

⑦ 具备在企业从事专业技术岗位 5 年以上工作经历。

⑧ 是获省级及以上科技进步奖的主要成员并有相应成果；或主持 1 项本专业或相关专业应用技术研究，成果已被大中型企业使用并有良好效益；或参与国家级职业教育专业技能实践教学方面的科研课题研究，并且取得相应的成果推广效益。

第6章

工匠精神培育与课程教学

观点精要　　课程是人才培养的载体，是师生共同开展教学活动，将教育思想转化为现实的核心纽带。教学是学生在教师的指导下掌握文化知识和技能，形成职业能力和职业精神的过程。职业院校借助课程与教学实施人才培养过程中，往往会注重对技术技能的培育，而忽略职业精神的培育。究其原因，是不明确工匠精神培育要素是什么，不知道如何选择培育载体，以及如何实现与课程、教学、活动的融合培养。在调研的基础上明晰与本专业相关的工匠精神要素，建立培育图谱，并将各培育要素与课程和教学活动过程有机融合，将培育过程从"无形"变为"有形"，是工匠精神培育的核心。

6.1　工匠精神的要素提炼

为了有效地对职业院校学生进行工匠精神培育，学校首先应该明确工匠精神培育的目标。当然，这项工作不是通过查阅相关资料为"职业院校学生工匠精神"下一个定义就可以完成的，而是要根据职业岗位需求及专业特点，运用文献研究法、问卷调查法和访谈法等科学方法，开展工匠精神要素调研，并在此基础上提炼工匠精神要素。

6.1.1　工匠精神的构成要素及其内涵

工匠精神在手工业时代就已存在，但在经历手工业时代、工业时代并进入后工业时代的过程中，其内涵已经发生了较大的变化。即便在当今，工匠精神的构成要素及其内涵也会随着经济社会的发展变化而不断变化。

工匠精神的构成要素从内容上可分为精神层面和行为层面，从表现形态上可分为无形和有形两种。这里从"匠德""匠心""匠术"三个方面对其进行区分，当然，也有其他不同的分类方法，如增加了"匠艺""匠品""匠智"等，不管如何分类，这些要素都有异曲同工的作用。"匠德"是指工匠的思想、品德和修养，是工匠在学习和工作中形成的思想意识、行为准则，为精神层面的内化因素；"匠心"是指工匠精巧的心思，泛指工匠的工作态度、工作作风、工作追求，是工匠从内在因素向外在表现转化的决定因素；"匠术"是指工匠表现出的工作方法与能力，是工匠的外在行为的有形表现。

职业院校不同专业之间的工匠精神既有共同的构成要素，也存在独特的要素，这些独特要素与各专业面对的就业岗位性质和要求有关。同样，不同区域院校的同类专业，也会存在不一样的工匠精神构成要素，这与区域的产业特点、生产组织方式和职业岗位要求相关。因此，确定职业院校学生工匠精神的构成要素，只有在调研的基础上进行科学的提炼才具有针对性。

例如，经过调研与提炼，装备制造大类专业工匠精神的构成要素有爱岗敬业、精益求精、求实创新、追求卓越、积极主动、专心致志、一丝不苟、坚持不懈、团队合作、与时俱进等，各要素的内涵如表 6-1 所示。

表 6-1　装备制造大类专业工匠精神构成要素及其内涵

序号	要素名称	要素内涵
1	爱岗敬业	能够认识到职业对个人和社会的价值，热爱自己的工作岗位，以负责任的态度对待工作及与工作相关的其他事情
2	精益求精	严格按照规定的程序进行操作，认真完成生产劳动中的每道工序，不断追求工艺水平及产品或服务质量的提高
3	求实创新	在生产劳动过程中追求实际与实效，按实际情况分析并处理问题，不弄虚作假，不断改进技术，提高产品或服务的质量，提高生产或服务的效率，提升产品或服务的人性化程度
4	追求卓越	有上进心，自觉、努力地学习，不断创新，敢想更要敢做，主次分明，踏实行动，学会展现自己；修炼品质，严于律己，宽以待人，树立博爱精神，收敛锋芒，谦虚不浮躁；勇于冒险，不怕付出，抓住机遇，创造机遇；进退有度，有所为，有所不为；不断追求行业顶尖水平
5	积极主动	根据自己的实际情况及自己对事情的价值判断和处理原则，主动确定努力的方向与目标，进而采取切实可行的措施予以逐步落实，以改变现状并创造更加美好的未来
6	专心致志	把注意力集中到该做的工作上，调动一切可用的资源，屏蔽一切可能的干扰因素，精神高度集中，持续高效地完成工作，不瞻前顾后，不左顾右盼，不患得患失

续表

序号	要素名称	要素内涵
7	一丝不苟	完成每项该完成的任务，做好每个该做的环节，考虑到每种可能性，不留下任何一个可能影响工作质量的问题，不放过任何一个可能改进工作效果、实现预期目标的机会
8	坚持不懈	一旦决定做一件事情，就迅速地锁定目标、详细地制订计划，然后朝着目标、按照计划不断地做下去，直到预期目标实现
9	团队合作	与团队成员一起，为了一个共同的目标相互支持、合作奋斗。在合作过程中，尽量做到平等友善、谦虚谨慎、积极沟通，及时化解团队成员之间的矛盾，努力凝聚团队成员，促使大家为了共同的目标而奋斗
10	与时俱进	不断地进行理论与实践学习，使自己的思想认识、理论知识、技术技能能够跟上时代发展的节拍，确保自己始终能掌握专业领域最新的知识与技术技能
……	……	……

将各要素内涵阐释后，从"匠德""匠心""匠术"三个方面对各要素进行分类，形成不同专业（类）的工匠精神培育要素图谱。装备制造大类专业人才工匠精神培育要素图谱示例如图 6-1 所示。

图 6-1　装备制造大类专业人才工匠精神培育要素图谱示例

工匠精神的提炼并不是一项一劳永逸的工作，应根据学生工匠精神培育情况和外部环境的变化，适时对工匠精神的构成要素及其内涵进行必要的调整。调整可以分为"小调"和"大调"两类。"小调"是根据工匠精神培育过程中发现的个别或局部的问题进行调整，如个别培育要素的增添、减少或更换，可以由教育教学具体实施者提出，如专业任课教师、学生管理人员等，可在专业（群）层面研究、讨论确定。"大调"是由于专业（群）所对应的生产模式、职业岗位需求发生较大变动，人才培养定位发生较大改变或原工匠精神培育要素图谱存在较大问题而进行的调整。"大调"需进行修订性调研及研讨，重新确定要素图谱后实施。

6.1.2　工匠精神要素提炼的方法与步骤

工匠精神的构成要素需要在对专业相关的行业、企业、院校、师生进行广泛调研的基础上进行提炼。在此介绍几种常用的调研方法及要素提炼的基本步骤。

1. 工匠精神要素的调研方法

1）文献研究法

文献研究法是对文献进行查阅、分析、整理并力图找寻事物本质属性的一种研究方法，它通过对文献资料进行理论阐释和比较分析，帮助研究者发现事物的内在联系，找寻社会现象产生的规律。广义的文献研究法既包括定性研究又包括定量研究，狭义的文献研究法仅指定性研究。[①]

在进行工匠精神要素调研时，调研者应该搜集如下几类文献。一是企业针对不同岗位员工工匠精神所制定的具体要求的相关制度文件。这些制度文件可能大多只有部分条款是关于工匠精神的，调研者要把它们搜集并整理出来，明确各项要求的具体含义、提出背景及适用条件与范围。二是企业对员工的工匠精神水平进行考核的相关材料。这些材料既包括员工自己写的总结性材料，也包括企业同事对员工的评价材料，还包括企业有关部门对员工表现的评价材料。调研者要在综合考虑这些材料的基础上做出相关结论，对于有冲突的部分，要进一步调查确认。三是职业院校学生工匠精神培育的相关文献。这些文献既包括国家有关政策文件，也包括职业院校关于学生工匠精神培育的相关文件、规定，还包括相关著作、学位论文、期刊论文和报纸文章等。调研者可以从这些文献中归纳出一些工匠精神要素，作为调查问卷和访谈提纲编制的基础，也可以作为最后提炼工匠精神要素的素材来源。

2）问卷调查法

问卷调查法是一种通过书面提出问题并邀请相关人员填答的方式搜集资料的方法。在这种方法的实施过程中，研究者将所要研究的问题编制成问卷，以邮寄填答、当面作答或追踪访问方式填答，从而了解被试者对某一现象或问题的看法和意见。

---

① 袁振国. 教育研究方法[M]. 北京：高等教育出版社，2000：149.

在该方法的运用中，问卷可以分为结构型、非结构型和综合型三类。结构型问卷是把问题的答案事先加以限制，只允许在问卷所限制的答案范围内进行作答；非结构型问卷由自由作答的问题组成，被试者可以自由陈述；综合型问卷以封闭性问题为主，根据需要加上少量开放性问题。问卷调查法的运用，关键在于编制问卷、选择接受调查者和结果分析。[①]

在进行工匠精神要素调研时，问卷调查的对象为一线员工、生产管理者、企业人力资源管理部门相关人员、职业院校毕业生和职业院校相关教师。调查问卷的内容应包括接受调查者的性别、年龄、行业类别、企业类型、工作岗位、专业技术职务或职业资格等级、对工匠精神要素的理解，如给出不少于 10 个工匠精神要素内涵的理解等。问卷编制应遵循相关规范，并充分考虑接受调查者的特点。例如，对工匠精神要素的名称可能不熟悉，可能更喜欢简洁而不是复杂的问题，等等。问卷调查的实施要尽可能少给接受调查者增加负担，但也要保证调查问卷填写的有效性和回收率。

3）访谈法

访谈法是以口头形式，根据被询问者的答复搜集客观的、不带偏见的事实材料，以准确地说明样本所代表的总体的一种研究方法，它既包括正式的访谈也包括非正式的访谈，既包括个别访谈也包括团体访谈；该方法既有事实的调查，也有意见的征询，广泛适用于教育调查、求职、咨询等活动，更多用于个性化和个别化研究。[②]

在进行工匠精神要素调研时，访谈组织者可以根据不同阶段的需要安排团体访谈，或者进行一对一的个别访谈。团体访谈可以选取专业相关行业企业的技术骨干、能工巧匠（一般不少于 10 名），召开专门的座谈会，采用头脑风暴法，由主持人引导参会人员提出尽可能多的工匠精神要素，并阐述他们对这些要素内涵的理解，主持人进行现场汇总归纳。个别访谈可以选取专业相关行业企业的人力资源管理部门相关人员和职业院校相关专业的教师，可以设置如下访谈问题：企业招聘时一般可以为制造大类专业的职业院校学生提供哪些岗位？这些岗位的主要职责是什么？这些岗位一般需要应聘者具有怎样的学历背景、经验和技能条件？这些岗位的工作中有哪些地方体现工匠精神？这些岗位涉及的工匠精神在其工作中的具体内涵是什

---

① 裴娣娜. 教育研究方法导论[M]. 合肥：安徽教育出版社，1995：167-172.
② 裴娣娜. 教育研究方法导论[M]. 合肥：安徽教育出版社，1995：180.

么？职业院校制造大类专业学生的工匠精神应该包含哪些要素？如何理解各个构成要素的内涵？是否有必要对学生工匠精神的构成要素进行调整？等等。

2. 工匠精神要素提炼的基本步骤

科学的工匠精神要素提炼应分为两个阶段：第一个阶段是搜集、整理工匠精神可能的构成要素；第二个阶段是在对调研结果进行分析的基础上确定工匠精神的构成要素，并明确其内涵。具体来说，工匠精神要素提炼包括以下五个基本步骤。

第一步，开展文献研究。查阅相关论文、研究成果、报道等公开文献，搜集职业院校学生工匠精神培育相关文献、企业对员工工匠精神的要求及考核的相关文件材料，从中归纳出职业院校学生工匠精神可能的构成要素。这一方面可以作为调查问卷和访谈提纲编制的基础，另一方面可以作为提炼职业院校学生工匠精神要素的素材来源。在这一步，企业的文献的搜集比较麻烦，职业院校可以充分利用自身所拥有的合作企业和校友等资源推进这一工作，切不可为了省事，简单应付或者直接忽略。另外，要注意辨别搜集来的文献中的工匠精神要素，并不是任何素质加上"精神"二字就可以标示为工匠精神要素。

第二步，召开座谈会。选取不少于 10 名的专业相关行业企业的技术骨干、能工巧匠及职业院校的资深教师召开专门的座谈会，请他们列出自己心目中工匠精神要素的条目，并阐述他们对这些工匠精神要素的理解。另外，也可以对行业企业管理者及职业教育专家进行一对一访谈，征询具体的培育要素条目及对工匠精神要素的理解。

第三步，编制调查问卷和访谈提纲。结合上述两步的结果，编制工匠精神要素调研所需的调查问卷和访谈提纲等调研工具。

第四步，实施问卷调查和访谈。运用编制好的调研工具（参见本章案例），对装备制造大类专业相关企业岗位的一线员工、生产管理者、人力资源管理部门相关人员和职业院校毕业生实施问卷调查，对专业相关行业企业的人力资源管理部门相关人员和职业院校相关专业的教师实施访谈。

第五步，分析调研结果，提炼工匠精神要素。根据文献研究、问卷调查和访谈结果，确定职业院校制造大类专业学生工匠精神的具体构成要素，并阐释各要素的内涵。

通过上述步骤，职业院校从文献研究、问卷调查和访谈三个方面收集了职业院校学生工匠精神要素相关素材。在调研结果的基础上，对工匠精神构成要素做进一步的汇总、归纳、提炼，最终确定职业院校学生工匠精神构成要素的名称及其内涵。

6.2　工匠精神与课程融合

课程是职业院校技术技能人才培养的基本载体，也是职业院校学生工匠精神培育的重要载体。从职业院校人才培养实践来看，对于工匠精神这样的精神层面的职业素养，通过设置专门的课程对其进行培育的效果往往不理想。有效的做法是，将工匠精神要素融入所学课程及教学活动中。那么，对于不同类别的课程，工匠精神培育要素如何才能有效融入课程内容？该以何种方式融入？如何在教学过程中融入工匠精神要素培育？本节将对这些问题进行探讨。

6.2.1　工匠精神与教学内容的融合

职业院校各专业一般将课程分为公共基础课程、专业课程和实践教学课程三类。公共基础课程分必修课与选修课；专业课程一般包括专业基础课程、专业核心课程、专业拓展课程；实践教学课程包含实训、实习、实验、毕业设计、社会实践等环节，有的实践教学课程与相关专业课程相融合。除此之外，还设有专题讲座（活动）和实践活动两类课程。

在这些课程中，虽然专题讲座（活动）和实践活动两类课程对职业院校技术技能人才综合素质的培养具有积极意义，但是由于它们的内容不固定，或者说不是常设课程，融入的工匠精神要素及方式是变动的。相比之下，公共基础课程、专业课程和实践教学课程是相对固定的，是工匠精神要素应该融入的主要对象。

1. 公共基础课程内容中工匠精神培育要素的融入

公共基础课程是学生基本素质养成的基础课程，也为专业理论课程和实践教学课程的学习提供基本方法，对学生专业培养目标的实现和就业、转岗、创业等方面能力的形成具有重要的意义[①]。思想政治理论、体育、军事理论与军训、心理健康教

---

① 金朝跃. 高职教育公共基础课多模块教学的整合与实践[J]. 中国职业技术教育，2008（28）：28.

育、劳动教育等课程列入必修课，是公共基础课程中的核心内容和技术技能人才培养的必备基础，也是在进行工匠精神培育时需要重点考虑融入的课程；党史、新中国史、社会主义发展史、中华优秀传统文化、社会主义先进文化、宪法法律、语文、数学、物理、化学、外语、应用文写作、国家安全教育、信息技术、艺术、职业发展与就业指导、创新创业教育、科学探索等课程列入必修课或选修课，是技术技能人才培养的可选性支撑条件，是工匠精神培育时可以根据人才培养目标和条件进行取舍与创新的课程。

公共基础课程包含多种不同类别的具体课程，其教育教学本质是提升学生的思想道德、科学文化、身心健康、社会责任等方面的素养，这些素养也是工匠精神的组成及基础，也基本上构成了装备制造大类专业人才工匠精神培育要素图谱中的"匠德"与"匠心"的相关要素。因此，职业院校公共基础课程教师在进行教学时，可以结合有关课程内容融入爱国爱党、终身学习、诚实守信、法律意识、社会责任、团队合作、沟通交流等工匠精神要素。在劳动教育、创新创业教育和职业素养等公共基础课程中，应包含爱岗敬业、求实创新、精益求精等工匠精神培育的内容，在教学过程中，可以结合课程内容，采用案例教学、实践体验、交流研讨等教学方式开展相关工匠精神要素的培育。此外，还可以利用职业院校特色的校本课程对工匠精神要素进行强化，如开设特色的劳动教育课程、开展综合素养项目训练，融入吃苦耐劳、扎根一线、坚持不懈等要素培育，形成本校的工匠精神培育特色。

2. 专业课程内容中工匠精神培育要素的融入

专业课程是指职业院校专业根据人才培养目标开设的专业知识技能教学类课程。专业课程从教学方式上往往分为纯理论课程、理实一体化课程和实践教学课程，其中理实一体化课程占有较大的比例。这些课程设置和主要内容在一定时期内具有相对稳定性，其作用是为学生掌握专业知识和技能打下一定的基础[①]。专业课程从其对专业教育支持的结构性上区分，包含了专业基础课程、专业核心课程和专业拓展课程三类。专业基础课程是为专业核心课程提供理论和技能基础的课程，即需要集中学习的由理论知识和技能构成的课程；专业核心课程是直接根据岗位工作内容、

---

① 何应林. 高职学生职业技能与职业精神融合培养研究[M]. 杭州：浙江大学出版社，2019：126.

典型工作任务设置的课程；专业拓展课程主要是体现人才培养规格要求，进行专业横向拓展和纵向深化的课程，包括专业方向课程。专业基础课程和专业核心课程的门类与内容在一定时期内是较为稳定的，但专业拓展课程的门类与内容则可以根据区域产业结构进行适当调整。

专业课程不仅是各专业达成人才培养目标的主要课程，也是学生工匠精神培育的重要载体。在专业课程的理论教学环节和实践教学环节中，可以结合具体的教学内容、教学过程和教学要求融入爱岗敬业、精益求精、遵守规程、积极钻研、积极主动、专心致志、一丝不苟、团队合作和与时俱进等工匠精神要素，同一要素可在不同课程中重复体现。同时，理论教学环节与实践教学环节培养要素应相互关联及协同，理论教学环节以教师讲授引导、师生互动研讨、学生小组研讨等教学形式开展，明晰各要素的内涵及贯彻的路径与方法；实践教学环节通过学生个体实践或小组团队协作的方式，来强化工匠精神培育要素在具体的知识技能应用、岗位实际操作过程中的体现。

3. 实践教学课程内容中工匠精神培育要素的融入

实践教学课程是指专业课程中以实践训练为主的课程，注重在实践中学习。实践教学课程往往以实践结果为导向，对工匠精神要素的培育较为综合与全面，培育成效考核也较为直接。因而在这类课程教学中，教师一方面应该结合实践内容对工匠精神要素进行培育，另一方面应该针对当前技术技能人才培养中对工匠精神培育重视不够的地方，加强对遵守规程、质量意识、成本意识、安全意识、环保意识、专心致志、勤学苦练、求实创新等相应工匠精神培育的引导。

工匠精神培育要素与课程内容的融入，应在专业层面有一个统筹的规划，可以对工匠精神各要素融入的课程按重要度进行整理，制作一张如表 6-2 所示的表格。该表以高等职业教育机械制造及自动化专业部分课程为例，表中"★"为对应课程重要的工匠精神培育要素，"√"为对应课程必需的工匠精神培育要素，同时，这些工匠精神培育要素须写入各课程标准中，以便贯彻实施和考核。

表 6-2　机械制造及自动化专业各课程工匠精神要素培育表

序号	课程名称	融入要素												
		爱岗敬业	诚实守信	遵守规程	团队合作	精益求精	求实创新	勤学苦练	精湛技艺	一丝不苟	成本意识	安全意识	质量意识	……
1	材料应用与处理	√		√	√		★			√	★	√	★	
2	公差配合与技术测量	√	★	√		★	√		√	√	√		★	
3	电工电子技术	√		★	√	√	√	★				★	√	
4	机械设计基础	√		√	√	★	★			√	★			
5	机械制图与计算机绘图	√		★		√		★	√	★			√	
6	机床电气控制技术	√	√	★			★					★		
7	CAD/CAM软件应用	√		√		√	★		★	★			√	
8	机械制造工艺	√		√	√	★			√		★	√	★	
9	数控加工及编程	√		★	√	√		★	★	√		√	√	
10	工业机器人应用	√		√	★	√	★		√		√	★		
……	……													

6.2.2　工匠精神要素融入课程内容的方式

"融入"的基本解释为"融合、混入、混合",它既可以指有形物质的彼此融合,也可以指无物质形态的融合,还可以指有形物质与无形物质的相互融合。这里讨论的工匠精神要素融入职业院校课程,是一种无物质形态的事物进入另一种有物质形态的事物的过程。那么,工匠精神要素是如何融入职业院校课程的呢?结合职业院校学生工匠精神培育实践,作者认为,根据工匠精神要素融入课程程度的不同,有嵌入、渗透和融合三种融入方式。

1. 嵌入

嵌入是指在已经比较完整的职业院校课程中镶入工匠精神要素,这是一种对目标课程影响较小的工匠精神要素融入方式。它不需要对目标课程的固有内容进行调整，而只需要从该课程中寻找合适的嵌入位置。以这样的方式融入职业院校课程中的工匠精神要素，就像目标课程中的一块"木楔"或者一个"补丁"，它可能会使目标课程更加紧致或完善，或者具有某些原本不具有的功能。但是，由于工匠精神要素属于"外来之物"，与原有课程内容的融合往往会比较生硬，所以嵌入式的课程在工匠精神培育方面的效果并不是很好。目前，不少课程的工匠精神培育就属于用这种方式融入的产物。

2. 渗透

渗透是指工匠精神要素逐渐进入职业院校课程。在这种方式下，工匠精神要素进入职业院校课程的速度慢，比较容易被接受，而且其持续作用的时间较长，容易产生较大的影响。这样的融入方式同样不需要对目标课程的固有内容进行大的调整，但需要对即将融入的工匠精神要素进行比较深入的处理，以使其能够比较自然地、有机地进入载体课程内容中，进而促进工匠精神的培育。与嵌入相比，这种融入方式要细致很多，它在职业院校学生工匠精神培育方面的效果也要好很多。职业院校如果能够采取这种方式对原有课程进行改造，就有可能获得一批工匠精神培育效果不错的课程。

3. 融合

融合是指根据职业院校技术技能人才培养目标统筹安排职业技能与工匠精神的培育，让工匠精神要素与职业技能要素在职业院校课程中自然地交织在一起。在这种方式下，由于工匠精神要素与职业技能要素是以比较符合技术技能人才培养规律的方式共存的，所以通过教学实施，工匠精神培育效果会比较好。采取这样的融入方式需要对目标课程的固有内容做出较大的调整和优化，对工匠精神要素与职业技能要素的相关性、逻辑性和表现形式进行整体性的设计。这要求授课教师对课程承载的工匠精神要素内涵及其表现要有充分的理解和掌握，只有这样才能设计出这种融合型的课程。随着工匠精神培育条件的完善和用人单位对技术技能人才综合职业素质要求的提高，职业院校处理这一问题的方式将会逐渐由嵌入、渗透向融合转变。目前各院校正在推进的课程思政建设，就是促进这种转变的有效行动。

从嵌入到渗透，再到融合，工匠精神要素越来越深入、越来越自然地融入职业院校各类课程中，课程的工匠精神培育效果也将越来越明显。目前，三种融入方式的课程可能同时存在，因此需要各院校有意识地开展课程建设相关活动，通过优秀课程案例分享、集体教学研讨、课程设计评比等活动形式，提高教师对工匠精神要素内涵的理解、融入要素的课程设计能力及教学实施能力，尽量缩减低融入水平的课程门类及存续时间，打造一批高水平的工匠精神培育课程。

6.2.3 工匠精神与教学过程的融合

职业院校技术技能人才培养过程，是一个教师与学生之间不断重复"教"与"学"的过程。在这个过程中，包含公共基础课程教学、专业课程教学、实践教学课程教学和竞赛指导等多种不同类型的教学实践，而且在这些教学实践中，工匠精神培育"教什么""怎么教"都是不一样的，不能一概而论。因此，这里将分别对四种类型的教学实践过程中的工匠精神培育进行分析。

1. 公共基础课程教学过程中的工匠精神培育

在职业院校的公共基础课程的教学中，要根据工匠精神培育的总目标来确定各门课程中应实现的工匠精神培育目标，要将工匠精神培育目标明确写入课程教学标准中。选择适宜的工匠精神要素融入公共基础课程，对其具体融入哪些地方及如何融入等问题进行细化处理，并考虑融入工匠精神要素之后的课程内容该选择怎样的教学方法。

为了保证公共基础课程教学过程中工匠精神培育的效果，职业院校应注意以下几个方面的问题。

（1）提高授课教师自身工匠精神水平。德国哲学家雅斯贝尔斯在《什么是教育》一书中指出，"教育的本质是一棵树摇动另一棵树，一朵云推动另一朵云，一个灵魂唤醒另一个灵魂"。这番话有两个方面的意思：一是教育的过程就是教育者通过自己影响受教育者的过程，二是作为"施教者"的教育者应该具备较强的足以影响他人的素质。作为与工匠精神培育在价值导向、实践途径和培养目标等方面有着较多内在关联[①]的公共基础课程的教师，自身也应具备较高水平的工匠精神，这样在开展教学活动时，可以更加明确地知道自己该引导学生朝哪里走，知道选取哪些素材、采

---

① 陈利霞. 工匠精神融入高校思政课程的路径探析[J]. 教育探索，2022（7）：36-37.

用哪些方法对学生工匠精神的培育更加有效，知道学生在哪些环节容易遇到困难，知道运用怎样的方法可以更好地激发他们的潜力，帮助他们突破发展的瓶颈。具备较高水平的工匠精神是公共基础课程授课教师顺利实施工匠精神培育教学活动的基础，有利于增强他们的同理心，从而获得更好的工匠精神培育效果。职业院校应该如何提高授课教师自身的工匠精神水平呢？首先，在职前培养环节就应该安排足够的相关工匠精神培养内容和实践机会，为其奠定较好的工匠精神基础；其次，在入职培训环节应开展有针对性的培训，进一步强化和提高他们的工匠精神水平；再次，应将工匠精神要素充分融入教师工作的内容和环境中，让教师在潜移默化中不断将工匠精神内化为自己的综合职业素质的一部分。

（2）要不断推进公共基础课程教学改革，持续开展工匠精神培育活动。偶尔点缀式地开展工匠精神培育容易实现，难的是将工匠精神要素全面渗透甚至融合到公共基础课程教学中，并持续开展工匠精神培育活动。因此，职业院校要不断推进公共基础课程教学改革，在课程内容、教学形式、教学方法、课程考核等方面将工匠精神要素渗透甚至融合到公共基础课程教学中，并持之以恒。

（3）充分运用新媒体等现代技术增强工匠精神培育效果。工匠精神的养成过程是一个较为复杂的过程，见效慢，不易量化，这会影响职业院校师生参与工匠精神培育的积极性。不过，随着现代技术的发展，出现了师生中使用广泛的微信、微博等各种便捷的新媒体，职业院校教师可以运用它们持续地向学生推送工匠精神培育相关内容，如理论知识、政策法规和经典案例等，在持续作用过程中增进他们对工匠精神的认同，并使其逐渐成为他们学习、工作和行动的准则，从而增强工匠精神培育的效果。

2. 专业课程教学过程中的工匠精神培育

专业课程是职业院校各专业根据人才培养目标开设的专业类课程，是培养专业知识与技术技能的主阵地。专业课程门数多，教学方式方法各有特点，从目前专业课程的教学实施来看，教师注重对专业知识与技能的传授指导，而往往忽视工匠精神内涵的养成，因而在专业课程教学中进行工匠精神培育，就是要根据专业人才培养目标补齐工匠精神培育相关教学活动，使之达到应有的水平。"补齐"不是简单地把工匠精神培育相关要素嵌入原有的课程教学活动中去，而是结合专业教学内容、教学形式和教学进程，以及学生已有的专业知识和职业技能基础，将工匠精神要素渗透、融合到原有的课程教学活动中，在进行知识技能培育的同时开展工匠精神培育。

为了保证专业课程教学过程中工匠精神培育的效果，职业院校应注意以下几个方面的问题。

（1）处理好工匠精神培育与职业技能培育之间的关系。工匠精神是精神层面的职业素质，职业技能是技能层面的职业素质，它们都是职业院校技术技能人才综合职业素质的重要组成部分。在以往的人才培养实践中，教育相关者往往注重职业技能培育，尽管工匠精神培育一直存在，但处于边缘化地位。如今，工匠精神培育越来越受到社会及行业企业的重视，职业院校无疑也会积极响应这一趋势，但是多年来形成的习惯和积累下来的教学基础没有那么容易改变，职业技能培育和工匠精神培育二者一强一弱的格局将存续较长时间。在这样的背景下，职业院校要想加强工匠精神培育，需要处理好工匠精神培育与职业技能培育之间的关系，既不能延续以往重职业技能培育轻工匠精神培育的做法，也不能一蹴而就实现职业技能与工匠精神的融合培育，而应该将工匠精神要素渗透到职业技能培育中，实现职业技能培育与工匠精神培育的目标，并逐渐向职业技能与工匠精神融合培育过渡。

（2）注重课程教学与工匠精神培育融合的方式方法。在各课程所承载的工匠精神培育要素中，有的要素是有形的、可量化的，如遵守规程、遵纪守法等，有的要素是无形的、精神层面的，如爱岗敬业、精益求精、甘于奉献等。对于有形的、可量化的考核要素，在课程内容设置、教学过程管控、教学效果考核中，较容易将这些要素融入课程教学。例如，在课程内容中植入安全防护、生产成本、操作规程等教学内容，在教学过程中明确课堂纪律、团队分工协作、自主创新等要求，在课程考核中规定考勤纪律、任务完成质量、完成效率等内容，这些方式方法已被任课教师用于教学实践。然而，对于无形的、难以考核的工匠精神要素与课程的融合，需要任课教师根据课程的实施特点和要素培育要求有意识地进行设计。例如，对于精益求精、爱岗敬业等工匠精神要素，可在教学中设置一些工匠的小故事，用实例来阐释这些要素的内涵；对于环保意识、诚实守信、忠诚企业等工匠精神要素，可利用学生的企业调研、真实职场实践，企业导师现身说法等方式方法来进行浸润。总之，各课程都需要挖掘工匠精神培育的要素，有意识地设计工匠精神要素与课程内容及过程融合的方式方法，这是工匠精神培育的需求，也是课程建设的要点之一。

（3）增强授课教师的工匠精神培育意识与能力。陶行知先生在《生利主义之职业教育》一文中指出，"故职业教师之第一要事，即在生利之经验。无生利之经验，则以书生教书生，虽冒职业教师之名，非吾之所谓职业教师也"。陶行知先生实际上是说职业教育教师应该具有实践工作经验，没有实践经验的教师难以教会学生实际操作技能。在专业课程教学中的工匠精神培育中也是如此，如果职业院校教师自身工匠精神意识不强、水平不够，那么很难在教学中融入工匠精神培育要素。专业课程授课教师要在实施职业技能培育的同时实施工匠精神培育，他们需要具备与职业技能共存的工匠精神。因此，有必要让教师到真实的职业环境中去实践磨炼，让教师熟悉行业企业，掌握职业岗位素养要求。在增强授课教师的工匠精神培育能力方面，职业院校相关部门应制订具体的监督考核措施，并组织相关教师开展工匠精神培育专题教研活动，增强教师工匠精神培育的意识，并逐渐提升其工匠精神培育能力。

3. 实践教学课程教学过程中的工匠精神培育

实践教学课程是培养学生技能操作水平、形成岗位工作能力的课程，其教学实施场所基本上是实验实训室及企业实际生产场所。实践教学课程对职业技能培育和工匠精神培育都会有明确的要求，是工匠精神培育的重要载体，也是最能体现培育效果的教学环节。但由于工匠精神培育见效慢、不易量化等因素的影响，职业院校师生参与工匠精神培育的关注度与主动性可能会受到较大影响，所以实际的培育效果与预期可能存在较大的差距。因此，在实践教学课程的教学中，应重点针对教学实践中师生不重视工匠精神培育的情况进行引导，强化工匠精神培育的效果。

为了保证实践教学课程教学过程中工匠精神培育的效果，职业院校应注意以下几个方面的问题。

（1）增进学生对工匠精神的认识，增强学生学习的内驱力。内驱力是在需要的基础上产生的一种内部唤醒状态或紧张状态，表现为推动有机体活动以达到满足需要的内部动力，它是个体在环境和自我交流的过程中产生的、具有驱动效应的、给个体以积极暗示的生物信号。增进学生对工匠精神的认识，有利于增强学生的内驱力，进而提升学生工匠精神培育的效果。首先，引导学生认识到工匠精神是其综合职业素质的重要组成部分，而且对其职业技能的形成、运用与创新具有重要的影响；其次，引导学生认识到工匠精神是一种对自身就业和职业发展都具有重要影响的职业素质；最后，引导学生认识到实践教学课程教学是最接近真实岗位实践的环节，是提升工匠精神最直接、最有效的学习过程。

（2）完善实践教学环境和教学设计，让工匠精神培育更加接近真实的职业实践。实践教学课程的特点决定了其是技术技能人才培养中最接近真实职业实践的环节，但是这并不表明所有职业院校的实践教学课程都可以达到同样的工匠精神培育效果。因此，应该让实践教学课程授课教师意识到实践教学课程是一个工匠精神形成和运用的重要载体，根据课程内容及课程培养目标对工匠精神培育进行教学设计，将岗位的素养需求转化为实际教学过程的内容与要求，贴近真实的职业实践来提升学生的工匠精神培育效果。同时，可以结合自身条件对实践教学环境进行改善，使其更加接近真实的职业环境，如实训场所的设备布局、职业文化氛围的营造、管理制度的系统建设等。

（3）引进现代企业先进的管理制度与管理方法。先进的生产管理体系是现代企业生存与发展的基础，特别是一些行业骨干企业通常拥有独特的管理制度与方法，且这些管理制度与方法蕴含丰富的工匠精神要素。校内实践场所及实践教学过程可借鉴现代企业先进的管理制度与方法，建立院校自身的实践管理制度体系，这是培育工匠精神不可忽视的途径方法。例如，在实训场所引进精益生产管理的理念，建立实训管理制度与对应专业的职业文化；采用 5S 及可视化管理提升工作效率和产品品质；采用全员生产维护（total productive maintenance，TPM）管理实训设备，延长设备使用寿命，减少生产转换时间，提高生产柔性；采用六西格玛管理，形成业绩突破的途径等。这些管理方法的引进，不仅让学生学习到先进的管理知识与方法，也在执行过程中逐步形成了爱岗敬业、高效节约、遵守规程、精益求精等工匠精神。由于这种管理制度与管理方法在实践教学课程中覆盖面广、使用时间长且重复率高，也可潜移默化地促进学生工匠精神的形成与内化。

4. 竞赛指导教学过程中的工匠精神培育

职业技能竞赛制度是以技能培养为核心的、公开化的社会评价方式，是职业教育人才培养质量是否符合社会与企业需求的公开展示，是职业教育事业改革与发展的重要展示手段；它既是对当前职业教育成果的检验与展示，又是对职业院校专业建设和教育质量提高的有力促进，还有助于推动企业参与职业教育，并在全社会形成重视、支持职业教育的氛围①。近年来，职业技能竞赛越来越受到重视，成为职业教育中参与面越来越广、重视程度越来越高的一项重要活动，竞赛指导因而也成了职业院校人才培养中的一项重要的教学实践活动。职业技能竞赛训练（图 6-2）与参赛，能迅速提升学生的技能水平，因而备受职业院校的教师、学生推崇，与课程教学中的工匠精神培育相比，具有见效快、易量化的优势，因此，职业技能竞赛的训练指导，是工匠精神培育的一种有效途径。

图 6-2　学生在进行职业技能竞赛训练

为了保证竞赛指导教学过程中工匠精神培育的效果，职业院校应注意以下几个方面的问题。

（1）要建立职业技能竞赛分层选拔机制，使该教学活动惠及全体学生。能够参加省级、国家级技能竞赛的学生只是极少数，为了让技能竞赛培训指导惠及更多学生，可以建立院（系）级、校级、省级、国家级的竞赛分层选拔机制。职业院校可通过举办"技能节""科技节"等活动，设置相应的竞赛项目，面向全体学生开展竞赛指导与选拔，竞赛成绩优秀者进入下一层级竞赛。竞赛分层选拔机制既能选出优秀的学生，也能让更多的学生掌握竞赛的要求、操作的标准和规范，更能使学生体会到竞赛过程中的精益求精、团队合作、创新争先等工匠精神，用竞赛来检验自我的学习成效，明晰存在的问题，为后续学习明确改进方向。

① 黄尧. 职业教育学：原理与应用[M]. 北京：高等教育出版社，2009：609.

（2）要建立赛教融合的培养模式，使技能竞赛与专业课程教学相互融通。国家级的技能竞赛，往往代表着先进的技术标准、严格的操作规范及全面的考核评价，同时，也蕴含丰富的工匠精神培育要素。赛教融合就是将竞赛标准、规范融入对应的专业课程教学和训练，将竞赛考核标准、评分细则引入课程考核，建立"以赛促学，以赛代考"的考核机制，实施竞赛成绩学分认定制度；同时，将竞赛中的工匠精神要求体现到课程教学实践中，融入职业道德、职业素养等要求，增加经济性、安全性等指标内容，竞赛压力由考核激励转化为钻研韧劲，使学生在学习上形成良性循环。图 6-3 为金华职业技术大学电气自动化技术专业人才培养体系图。

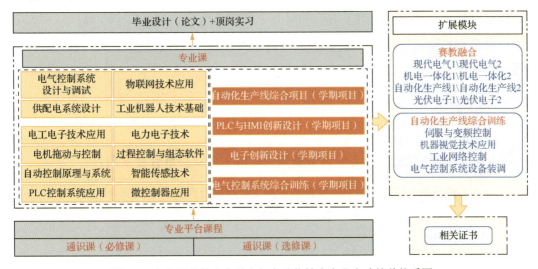

图 6-3　金华职业技术大学电气自动化技术专业人才培养体系图

（3）做实各个环节的指导工作，增强工匠精神培育效果。职业技能竞赛工作一般由选拔、备赛、参赛和总结四个环节组成，职业院校指导教师要做实各个环节的指导工作，增强工匠精神培育的效果[①]。在选拔环节，具有不同职业技能水平的学生可以参加院（系）级、校级、省级和国家级等不同层级的选拔，每次选拔结束后，指导教师要引导全体参赛学生认真分析整个竞赛过程，对于通过选拔的学生，分析获得好成绩的原因是什么，备赛、参赛过程中是否存在明显不足，竞技水平是否能够进一步提高。对于落选的学生，要引导他们认清自我不足之处，明确努力方向。这个引导过程，也是对学生进行精益求精、追求卓越等工匠精神培育的过程。在备

---

① 王振洪，成军，邵建东. 浙江省高职教育发展报告（2016—2020）[M]. 武汉：华中科技大学出版社，2022：162-163.

赛环节，指导教师要引导学生充分理解竞赛项目的理论重点、技能特点、操作细节和易犯错误之处，严格执行训练计划，全面、扎实地提高自己的职业技能和工匠精神水平，增强团队合作能力和心理承受能力。在参赛环节，受到场地不熟悉、时间限制、心理压力大等因素的影响，参赛学生更容易暴露出自己知识与技能的不足之处。指导教师要引导学生树立正确的参赛心态，以一丝不苟的态度完成比赛。在总结环节，指导教师要引导学生全面回顾从选拔到备赛再到参赛的整个过程，深入分析自己相关知识与技能达到的程度及存在的问题，并制订出进一步改进、提高的方案。技能竞赛的选拔、备赛、参赛和总结的过程，是参赛学生提高知识技能应用能力、自我认知水平、心理承受能力的过程。教师在实施指导过程中，应针对学生个体，有意识地融入工匠精神培育要素，顺势引导，这对学生的成才成人会有很大的促进作用。

案例

金华职业技术大学装备制造专业群工匠精神培育要素调查

**金华职业技术大学装备制造专业群工匠精神培育要素企业调查问卷
（装备制造大类专业对应企业有关人员）**

	单位名称		
	单位地址及邮编		
	单位性质	□ 国有企业　□ 民营（合资）企业　□ 其他		
单位基本情况	填表人		岗位/职务	
	E-mail		联系电话	
	主要产品			
	人员结构	总人数_____。其中： 本科及以上_____人；大专_____人；高中及中专_____人；高中以下_____人。		
	技能人才培养途径	从学校招收毕业生_____人，占_____%；企业自主培养_____人，占_____%； 从社会招聘人员_____人，占_____%；其他途径招聘_____人，占_____%。		

续表

调查项目	等级			
	很重要	重要	一般	不重要
职业技能调查 1. 具有对新知识、新技能的学习能力和创新能力				
2. 具有通过不同途径获取信息的能力				
3. 能识读一般产品的零件图与装配图				
4. 能熟练运用 CAD 软件进行图纸绘制				
5. 能熟练使用常用量具量规				
6. 能熟练操作普通机械加工设备（车、铣、刨、磨等设备）				
7. 能编制机械加工工艺				
8. 熟悉产品结构设计和机构分析				
9. 能独立进行数控机床编程				
10. 能熟练进行数控机床操作				
11. 具备电工电子基本知识				
12. 能独立设计机械结构				
13. 能进行产品电气设计				
14. 能进行工业机器人编程操作与控制				
15. 能熟练运用 Pro/E 等软件进行三维造型设计				
16. 能选用材料（金属与非金属），并掌握其处理方法				
17. 能独立进行机电产品的质量管理与检测				
18. 熟悉企业生产管理过程，能进行物流设计				
19. 熟悉质量管理体系，能进行质量信息反馈与处理				
20. 具有良好的英文基础和熟练运用行业专业英语的能力				
21. 其他（请说明）：				
工匠精神调查 1. 具有爱岗敬业、忠于职守的职业道德				
2. 具有良好的工作规范，按时保质保量地完成本岗位的工作任务				
3. 具有诚实守信、办事公道的职业道德				
4. 具有勇于创新、改进或创造新事物的素养				
5. 具有标准化（5S）的职业操作规范的职业素养				
6. 具有精益求精、臻于至善的工作职业素养				
7. 具有良好的自学能力，在工作中善于学习，适应变化				
8. 具有团队协作意识，与其他成员协调合作				
9. 具有安全意识，严格执行安全操作流程，执行安全规程				
10. 具有良好的文化素养与人文修养				
11. 自觉树立法律法规意识，严格遵守职业规范和公司制度				
12. 具有坚韧的意志和毅力，能够克服困难和挫折				
13. 具有明确的社会责任意识、服务意识				
14. 具有保护并合理地利用自然资源，防止自然环境受到污染和破坏的意识				
15. 具有良好的沟通能力及与同事之间沟通协作的职业素养				

续表

调查项目	等级			
	很重要	重要	一般	不重要
16. 具有较强的心理素质，在沟通交流中保持良好的心理状态				
17. 具有终身学习的意识，可以克服工作中的困难，解决工作中的新问题				
18. 具有大局意识，善于从全局高度、用长远眼光观察形势、分析问题				
19. 具有保守商业秘密的职业道德与法律意识				
20. 具有清晰的职业规范和明确的职业目标				
21. 具有较强的组织管理和领导能力				
22. 其他（请说明）：				

（左侧纵栏标注：工匠精神调查）

贵公司对技术技能人才的职业技能、工匠精神等职业素质的培育有哪些要求和具体的建议？

您的意见将作为我们改进教学的依据，感谢您的支持！

（单位签章）

调查时间：

金华职业技术大学装备制造专业群工匠精神培育要素访谈提纲

（装备制造大类专业教师和对应企业人力资源管理部门人员）

访谈对象：

访谈人：

访谈时间：

访谈地点：

访谈问题：

1. 装备制造大类专业对应企业到职业院校招聘时，一般提供哪些岗位？这些岗位的主要职责是什么？

2. 装备制造大类专业对应企业到职业院校招聘时，其岗位一般需要应聘者具有怎样的学历背景、经验和技能条件？

3. 装备制造大类专业对应企业到职业院校招聘人才时提供的岗位，其工作中有哪些地方体现工匠精神？

4. 装备制造大类专业对应企业到职业院校招聘人才时提供的岗位，工匠精神在其工作中的具体内涵是什么？

5. 在您看来，职业院校装备制造大类专业学生的工匠精神应该包含哪些要素（如爱岗敬业、精益求精、求实创新等）？

6. 您如何理解职业院校装备制造大类专业学生工匠精神各个构成要素的内涵？

7. 您认为职业院校装备制造大类专业有必要对学生工匠精神的构成要素进行调整吗？如果有必要，您认为应该由谁来进行调整？应该按照什么程序来进行调整？应该多久调整一次？

第7章

工匠精神培育与育人环境

观点
精要

　　良好的育人环境是一种无形的教育力量。在中国古代，就有"近朱者赤，近墨者黑"的说法，充分肯定了人在成长过程中环境所起的作用。同样，职业院校良好的育人环境能够在潜移默化中促进大学生的身心健康和全面发展，具有课堂教学不可替代的作用，能够"润物细无声"地培育大学生的工匠精神。育人环境包括硬件环境和软件环境，对实训室、教室、寝室等学生学习生活硬件环境的营造，以及对专业文化、工匠讲坛、创客工坊等软件环境的打造，有利于工匠精神的培育。

7.1　育人环境的概念与作用

　　环境既能育人，又能造就人。古有"孟母三迁"的历史典故，孟母在不利的环境面前果断抉择，三次搬家，采取"避劣就优"的办法为孟轲的学习、生活和成长营造有利的外部环境，利用环境育人取得了良好效果，为孟轲成为我国历史上杰出的思想家、教育家奠定了坚实的基础。

7.1.1　育人环境的概念

　　环境是围绕在个体周围并对个体自发地产生影响的外部世界，它包括个体所接触的物质文明、精神文明，因参与其中而接触的社会经济生活、政治生活、文化生活及家庭生活，还包括同邻里、亲戚、朋友的交往等，这些不以培养人为目的、由外界自发产生并影响个体发展的因素，都属于环境[①]。环境是影响人发展的重要因素，

---

① 王道俊，王汉澜. 教育学（新编本）[M]. 2版. 北京：人民教育出版社，1989：48.

它与遗传、教育和主观能动性共同作用于人的发展。

育人环境是指学生在学习文化知识、技术技能的过程中所处的内外部条件及氛围。育人环境既包括自然环境［如校园景观（图 7-1），美观、幽静、别致的园林绿化，以及满足学生文化娱乐活动需要的文化体育设施等］，又包括文化环境（校园文化），还包括制度环境（办学实践中遵循的各种行为规范）①。育人环境有着丰富的内涵和外延，从一般意义上讲，凡对学生产生教育影响的物质环境和精神环境都可称为育人环境。

图 7-1　校园景观

育人环境按照实体形式不同可分为硬件环境和软件环境。其中，硬件环境俗称硬环境，是指人可以看得到的物质层面的环境，主要包括教学楼、实训室、图书馆、教室、艺术雕塑等有形的校园基础设施。良好的校园硬件环境不但可以为高校各项工作的开展提供基本的物质保障，而且可以愉悦师生心情，陶冶师生情操，有助于学生各项素质的培养和提升，发挥出环境育人的积极作用②。软件环境也称软环境，是指精神文化层面的环境，它是大学内在素养的表现，如学校的规章制度、专业文化、学生社团活动等。

7.1.2　育人环境的作用

进入一所职业院校参观，如果这所学校的建筑布局、景观设计、教室设备及其布置、课外活动场所设施及其布置、实训场所设备及其布置，以及文化长廊等给人

① 黄平. 高职院校育人环境的营造方式探究[J]. 中国成人教育，2009（16）：74.
② 张瑜. 民办高校育人环境的改善和周边环境治理工作研究[D]. 合肥：安徽大学，2012：10.

舒适、亮丽甚至惊喜的感觉，我们可能就会暗自在心中做出判断——这所学校培养出来的学生素质普遍不会差，进一步的学习交流往往也会印证这一点。为什么会这样？结合对职业院校技术技能人才培养实际的分析，作者认为，育人环境可以提供接近真实生产环境的学习条件，可以营造接近真实职业环境的学习氛围，这都有利于学生工匠精神的培育。

1. 提供接近真实生产环境的学习条件，促进学生职业技能的训练

近年来，党和国家高度重视职业教育的发展，出台了一系列有利于职业教育发展的政策，社会各界也积极关注、参与职业教育的发展，职业教育在我国越来越受到重视，主动关注并接受职业教育的人越来越多。实际上，在过去相当长的一段时间里，职业教育在我国民众中的认同度一直较低。这除了受到我国传统思想观念，以及职业教育体系不完整、发展道路不顺畅等因素的影响，还有一个重要的影响因素就是职业教育的教学环境与真实的生产环境存在较大的差距。这导致学生难以通过职业教育获得真正的职业能力，无法适应职业岗位的需求。随着问题的凸显，人们的职业教育观念不断改变，加之职业院校办学条件也在不断改善，越来越多的职业院校在学校环境上做起了"文章"——它们与有关企业合作，将生产设备搬进教室，将传统的理论课教室改造成理论和实践教学一体化教室；与有关企业合作，将校内实训基地改造成可以进行真实生产的生产性实训基地；采用接近企业管理制度的方式来管理学生的日常学习和生活；将校园和实训基地布置成企业的模样，让学生在校学习时如同在企业工作。这样接近真实生产环境的学习条件，对学生职业技能的训练具有很大的促进作用。由于职业技能对工匠精神的形成与发展会产生积极的影响，所以这实际上也会间接促进职业院校学生工匠精神的培育。

2. 营造接近真实职业环境的学习氛围，增强学生工匠精神的体验

有的职业院校学生在理论学习阶段不太注意细节，迟到、早退，上课说话、玩手机、睡觉等不良行为屡见不鲜，但是去了企业实习，这些行为大多很快不见踪影。究其原因，是因为在真实的企业环境中，这些行为是不被允许的，一旦违背就会受到相应的惩罚。一些职业院校教师在对学生进行工匠精神培育时，发现传统的课堂教学效果并不理想，这是因为学生对工匠精神缺乏必要的体验，教师传授的相关理论知识难以转化为学生的工匠精神。如果学生能够在企业真实的生产岗位上学习工

作一段时间，再回到学校接受相应的理论知识的学习，效果可能就会有很大的不同。由于学生不可能一直在企业真实的岗位上进行学习，所以职业院校就对自身条件进行了改造，在校园里营造了接近真实职业环境的学习氛围。在这样的学习氛围中进行工匠精神的培育，学生将获得更多的实际体验，培育的效果会明显提升。金华职业技术大学数控实训车间环境如图 7-2 所示。

图 7-2　金华职业技术大学数控实训车间环境

7.2　育人环境培育工匠精神的策略

　　劳动者的素质对一个国家、一个民族的发展至关重要。无论是传统制造业还是新兴产业，无论是工业经济还是数字经济，工匠始终是产业发展的重要力量，工匠精神始终是创新创业的重要精神源泉。时代发展，需要大国工匠；迈向新征程，需要大力弘扬工匠精神。在高校育人环境建设中，要积极引入工匠精神，发挥育人环境的关键作用，让学生深刻理解工匠精神的内涵，以精益求精的理念去迎接新的挑战。

7.2.1　硬件环境建设

　　实训室、教室、寝室简称"三室"，是职业院校进行技术技能人才培养的主阵地。充分发挥"三室"在学生工匠精神培育中的作用，可以让学生在教育教学中体验工匠精神，并在潜移默化中得到培养。

1. 实训室环境建设

实训室是针对行业或岗位群的技能培养而设立的真实或仿真的实施实训教学过程的场所，它可以使学生接触受训所需要的技术、人员、设备等各种软、硬件要素，从而巩固理论知识，促进知识转化，熟悉工艺流程，练就操作技能，增强实践能力，培养职业素质和内化职业道德。实训室是职业教育的实训教学与职业素质训导、职业技能训练与鉴定及技术推广应用的主要场所，是职业技术技能人才培养不可或缺的训练场地。[①]

实训室环境建设包括设施设备、管理机构、规章制度、运行机制、实训经费、实训方案、实训教材、实训方法、师资队伍、实训学生和实训教学评估等内容；其实施应遵循"仿真性、先进性、系统性、开放性和综合性"五项原则，具有提高职业院校技术技能人才培养质量，体现职业教育办学特色，协助实现工学结合、校企合作，以及保障"以服务为宗旨，以就业为导向"的办学方针落到实处四个方面的意义[②]。

为了有效地满足技术技能人才的工匠精神等职业素质培育的需要，职业院校装备制造大类专业在进行实训基地建设时，可以参考如下做法：在实训室的入口设置介绍实训基地情况的宣传橱窗，放置实训基地平面布局图；设置展示区域，用于展示体现精益求精的工匠精神的画册、师生优秀作品、技能大赛获奖证书、优秀师生事迹介绍等材料；实训室内外悬挂体现精益求精的工匠精神和实训室功能的图片或装饰；实训室门口粘贴实训室名称及实训室安全责任人门牌，各功能区设置表示功能的图形与文字标识；实训室内部悬挂实训室规章制度、实训设备操作规程、5S 管理挂图、5S 管理看板等；实训室内部悬挂安全标语、警示图片、事故案例、应急处置流程、火灾逃生路线等图文并茂的信息牌；设置专门的清洁区、备料区、废料区等区域并标识；设置医药箱，内置常规药品，并保证药品在保质期内。金华职业技术大学油泥实训室环境如图 7-3 所示。

---

① 黄尧. 职业教育学：原理与应用[M]. 北京：高等教育出版社，2009：528.

② 黄尧. 职业教育学：原理与应用[M]. 北京：高等教育出版社，2009：530-533.

图 7-3　金华职业技术大学油泥实训室环境

同时要求制定严格的实训基地管理规范，如制定实训设备操作与管理、工量具摆放、工作台整理、教学管理等相关规范。

2. 教室环境建设

教室一般指进行教学活动的场所，它为在其空间范围内开展教学活动的师生提供物理设施和相关资源支持。随着时代的发展，教室经历了从拥有桌椅、讲台、黑板的传统教室，到配备录音机、电视机、扩音设备等的电子教室，再到装备多媒体计算机、投影仪等的多媒体教室的演变。随着信息化的推进，电子白板、应答器、电子书包、无线手写板等更多的数字化设备和工具进入教室，发挥着多样的教育应用潜力，未来的教室将提供更开放、高感知、自适应的学习环境[①]。金华职业技术大学工业设计手绘教室如图 7-4 所示。

图 7-4　金华职业技术大学工业设计手绘教室

---

① 普旭. 我国中小学智慧教室建设规范初探[D]. 武汉：华中师范大学，2013：3-4.

保持整洁是对教室的基本要求。在保持教室整洁的过程中，学生的爱岗敬业、精益求精、吃苦耐劳、团队合作等职业素质可以得到较好的锻炼与发展，即使不能打造出给人"四面春风 十里桃花"感觉的教室，也可以为日常的教学活动创造舒适的环境，并且可以对学生的发展起到促进作用。当然，教室的建设还可以追求更高的目标，如打造一个可以满足学生真善美需求的、活力四射的、与时俱进的空间，这无疑会促进学生的包含工匠精神在内的多种职业素质的发展。

为了有效地满足技术技能人才工匠精神等职业素质培育的需要，职业院校装备制造大类专业在进行具体教室的建设时，可以参考如下做法：前墙面，可悬挂时钟或者与精益求精的工匠精神相关的宣传语；后墙面、侧墙面，可张贴装备制造类行业大国工匠的人物简介或事迹、思想介绍，精密制造产品挂图，机械机构挂图等；桌椅摆放整齐，或者根据一定的需要进行摆放，讲台、地面保持整洁，确保窗户的通风、保暖功能良好，布置应符合 5S 管理规范；教室后端，设置卫生角，放置清洁清扫工具，并设置区域定置标示；后墙面，设置 5S 管理宣传与考核区，张贴相关宣传与考核材料。同时，教室内的桌椅应按地面标识统一摆放整齐，不使用的椅子放在桌子下面。

3. 寝室环境建设

寝室是学生基础文明教育、良好行为习惯养成、个人综合素质提高的重要阵地，是学生学习、生活、工作最主要的交会场所之一，是学生的"第一社会、第二家庭、第三课堂"。良好的寝室环境可以启迪学生树立理想信念，陶冶其道德情操，铸造其完美品格，对学生的道德素质、心理素质、思想政治素质具有极其重要的影响，也对学生养成良好的生活、学习习惯和形成积极健康的世界观、人生观、价值观有着重要的意义。[①]

通过引入并推行 5S 管理的模式，在保持整洁、有序的寝室环境（图 7-5）的同时，促使学生养成良好的日常行为习惯，使规范化、标准化的工作要求入脑入髓。例如，营造一规定、二保持、三不准、四统一、五条线的寝室文化氛围。一规定：规定寝室垃圾袋装化。将寝室内垃圾集中袋装后，根据时间限定要求放到楼外的大垃圾箱内。二保持：保持室内整洁、干净；保持室内空气清新。三不准：不准随地

① 金婵娟. 以寝室 5S 管理培育学生的职业品质：以浙江金华职业技术学院为例[J]. 江苏教育，2018（28）：54.

乱扔；不准窗抛垃圾；不准乱钉、乱挂、乱张贴、乱接线。四统一：床上用品叠放统一；生活用具摆放统一；桌上物品置放统一；衣服鞋帽挂放统一。五条线：床上一条线；床下一条线；空中一条线；毛巾一条线；学习一条线。

图 7-5　整洁、有序的寝室环境

除了要对寝室内部进行建设，还要对其他区域进行建设，以形成一个整体。例如，在公寓入口设置宣传窗、公示栏，用于公布寝室网格管理相关情况，张贴宿舍管理制度、道德行为规范制度、安全应急预案、职责分工等级考核制度；公示学生日常检查结果，张贴寝室文化宣传、学生公寓活动海报。在宿舍楼道走廊合适位置统一悬挂适量的名言警句或文明劝导语及人性化关怀的温馨提示语，将相关管理要求融入其中。有条件的楼栋可在宿舍楼梯口安装整容镜；门面房间号正下方紧贴学生处统一制作的寝室成员表，获得星级寝室的，将星级寝室奖牌粘贴于房间号正上方。除此之外，寝室门面不得张贴、悬挂任何物品；进门开关侧墙面统一悬挂公寓 5S 管理看板，同时张贴"检查标准""值班安排"等清单，个人床铺统一位置处粘贴学校统一制作的个人住宿标签。

7.2.2　软件环境建设

1. 专业文化建设

专业文化是专业建设的"灵魂"，是专业建设的软实力，在专业的全面高质量发展建设中不可或缺。专业文化是职业院校实现人才培养目标的重要一环，它所凝聚的价值观、职业素养、职业态度、职业精神、职业规范等内容，对职业教育的人才培养起着至关重要的作用。①

专业文化是在特定时期内专业本身所具有的价值观念、知识与能力体系及从事专业教学与研究的全体成员特有的精神风貌和行为规范的总和②。在职业院校，专业文化被认为是对技术技能人才培养效果具有比较重要影响的一个因素。对于职业院校不同专业来说，其专业文化的内涵可以从以下三个方面来进行理解③：第一，专业文化是紧密围绕职业院校的专业建设，经过长期的发展而积淀、传承下来的，具有鲜明专业特色的文化要素系统，它将伴随专业可持续发展和文化建设的进一步深化而不断创新；第二，专业文化是职业院校文化的核心组成部分，就其构成要素来看，可分为精神文化、物质文化、行为文化和制度文化；第三，在专业文化各要素中，经长期凝聚而形成的专业精神是专业文化的核心，它将成为指导和引领该专业师生在教育和学习中遵守道德行为和践行职业精神的力量源泉。

不同职业院校的各个专业都会结合自身条件和人才培养需要，探索建设独具特色的专业文化。例如，金华职业技术大学机电工程学院的装备制造大类专业探索建立了"精益求精"的专业文化。"精益求精"语出《论语·学而》："《诗》云：如切如磋，如琢如磨。"宋代朱熹集注："言治骨角者，既切之而复磋之；治玉石者，既琢之而复磨之；治之已精，而益求其精也。"通俗地讲，就是已经很好了，还要追求更好。"精益求精"体现在产品制造上，是指对产品精雕细琢，确保每个零部件的制造质量；耐心、专注、坚持，不断提升产品品质；专业、敬业，打造最优质的产品。"精益求精"体现在人才培养上，是指坚守初心，以学生为中心，不断提高人才培养质量，为社会提供更优秀的职业人才。"精益求精"体现在教师工作上，是指每位教师都要不断提升自身的技术技能水平及教学水平，专注敬业，细致耐心，以雕琢成器的责任与使命教书育人。"精益求精"体现在学生学习上，是指严谨专注、创新进取、不断超越自我、追求卓越。"精益求精"体现了严谨细致、一丝不苟、臻于至善，以及追求完美和极致的工匠精神，表现了不断进取、勇于挑战自我、敢于超越自我的态度，是职业院校装备制造大类专业培养工匠型人才的精髓所在。

---

① 吕中起. 中等职业学校专业文化和企业文化对接的实践研究：以苏州工业园区工业技术学校为案例[D]. 沈阳：辽宁师范大学，2012：5-6.

② 同①。

③ 玄洁. 高职院校专业文化建设现状与推进策略[J]. 天津中德应用技术大学学报，2021（2）：32.

职业院校利用专业文化培育工匠精神，可从以下三个方面入手。

1）思政融入，树匠心

匠心是技术技能人才的思想和情感的体现，通常是指爱业、敬业、乐业的职业情怀，以及精益求精、追求完美的职业精神。匠心是技术技能人才行动的动力，也是他们不断发展、创新，不断实现自我超越的不竭动力。树匠心的关键是由通识课教师、专业课教师等采用课程思政形式，实现全员培育。例如，在思政课教学中，要发挥其主渠道作用，引导学生弘扬劳动精神，树立正确的劳动观念，增强职业荣誉感。职业院校通过设立工匠精神专门课程或讲座，阐述工匠精神的内涵、特征和重要性，提升学生对工匠精神的认知，增强学生对工匠精神的情感认同和思想认同，让工匠精神入脑入心。同时，深入挖掘各专业课程中所蕴含的工匠精神素材，在专业技术技能教学中强化爱业、敬业、精业和乐业精神的引导，推行课程思政常态化，进而实现匠心培育全过程融入。

2）锤炼技艺，砺匠术

匠术是技术技能人才所掌握的以熟练、高效为特征的综合职业能力，它是技术技能人才培养的根本目标，也是最终成果。匠心是人才的内在精神气质，匠术是其外在的技艺显现。娴熟的匠术是工匠人才的基础。习近平总书记提出："一切劳动者，只要肯学肯干肯钻研，练就一身真本领，掌握一手好技术，就能立足岗位成长成才，就都能在劳动中发现广阔的天地，在劳动中体现价值、展现风采、感受快乐。"[①]实践教学是锤炼学生技术技能的重要环节，主要包括课程实训、顶岗实习等。学校可通过强化产教融合、校企合作、现代学徒制、项目导师制等人才培养模式，力求在真实工作情境中做到"知行合一""手脑并用"，提升学生的技术技能。同时，还要强化"工匠之师"的培育，让学生在教师和师傅的指导下，明白练技和做人的道理，以达到"道技合一"的境界。

3）全程育人，立匠德

"人因德而立，德因魂而高"，培养工匠精神必须立匠德以育匠心。匠德是由技术技能人才的敬业精神、执着精神、大胆创新精神和追求卓越精神等精神要素共同构成的职业素质复合体，是职业院校技术技能人才职业道德和个性品格的重要表征。立匠德，学校需从顶层设计上将工匠精神与立德树人有机融合，构建网络育人平台，

---

① 习近平. 在庆祝"五一"国际劳动节暨表彰全国劳动模范和先进工作者大会上的讲话[N]. 人民日报, 2015-04-29（2）.

树榜样、立标杆，营造爱岗敬业、乐于奉献的校园氛围；建立名师工匠工作室，通过名师名匠效应提升工匠精神的教育效果；借助思政课教学、就业指导讲座、专业课程思政融入等形式，帮助学生准确地把握专业知识的定位，提高自我认知，探索自己的职业生涯，塑造积极的就业心理，强化热爱工作、敬业、精工细作和快乐工作等精神的培育[①]；通过组建赛教融合班，开展第二课堂的项目导师制（图 7-6），以赛促教、以赛促学、以赛促改、以赛促建，树立以德为先的价值导向，追求卓越、精工至善，养成良好的行为习惯和优秀的职业品质。

图 7-6　以项目为驱动、以导师为指导的项目导师制

2. 工匠讲坛

所谓工匠讲坛，并不是说演讲讨论的人就一定是工匠，而是说演讲讨论的内容是关于工匠和工匠精神的。2022 年 9 月举行的首届大国工匠论坛以"匠心逐梦、强国有我"为主题，通过讲述 87 名大国工匠的故事，对工匠精神的内涵进行了解读。山东日照职业技术学院邀请大国工匠、企业技能大师和优秀专业技术人才等来学院举办讲座，或者组织学生走进企业，让学生面对面探寻当代工匠，零距离体验并感悟工匠精神[②]。湖南科技职业学院智能装备技术学院邀请全国智能制造虚拟仿真大赛

① 郑晓纯. 匠心·匠技·匠德：高职学生工匠精神培育三维路径[J]. 中国成人教育，2021（8）：34-38.

② 吕婷婷. 根植匠心文化，培育匠心情怀：日照职业技术学院工匠讲坛开讲[EB/OL].（2020-12-09）[2022-12-16]. https://baijiahao.baidu.com/s?id=1685598472526290045&wfr=spider&for=pc.

获奖学生开展"工匠大讲坛",分享他们参加大赛的经验和感悟[1]。金华职业技术大学、浙江工商职业技术学院、山东交通职业学院等也举办了工匠讲坛（图 7-7）、与劳模工匠同上一堂课、工匠沙龙（图 7-8）等系列活动。

图 7-7　工匠讲坛

图 7-8　工匠沙龙

在金华职业技术大学开展的工匠沙龙上,五位劳模工匠围绕"何为智能制造业的工匠精神"这一主题,结合他们从学徒到工匠大师的成长历程,展开了思想大碰撞,并现场亮出了各自的绝活,向与会人员展示了工匠大师"敬业、精益、专注、

---

① 佚名. 我院开展第一期"工匠大讲坛"活动[EB/OL]. （2022-06-09）[2022-12-16]. https://admin.hnkjxy.net.cn/s.php/jdgcxydzz/item-view-id-20360.html.

创新"的品质风采，用精妙绝伦的技艺诠释了对细节、对完美、对极致、对精品的追求。还有一些主讲嘉宾结合具体的职场经历，告诉学生哪些专业知识和技能在未来的职业生涯中具有重要的作用；哪些职业素养是用人单位所看重的；为了更好地适应未来职业生涯发展的需要，学生在现阶段的学习中应该如何努力，以增强自己的职场竞争力；等等。这些分享将引领学生前瞻职业生涯，增进他们对工匠精神的认识。

为了使工匠讲坛在工匠精神培育中发挥更好的作用，应该根据职业院校人才培养目标，统筹安排工匠讲坛与课程教学等各种人才培养活动。尽管不同职业院校开设的此类论坛的名字可能不同，如"百工论坛""工匠文化论坛""工匠精神论坛"等，但它们的目标是一致的。

职业院校利用工匠讲坛培育学生工匠精神时应注意做好明确工匠讲坛举办目标、筹集工匠讲坛运行经费、设计工匠讲坛内容体系、邀请工匠讲坛主讲嘉宾四个方面的工作。

1）明确工匠讲坛举办目标

职业院校举办工匠讲坛的主要目标是辅助实现技术技能人才培养目标，特别是工匠精神培育目标。职业院校在举办工匠讲坛时，首先应该明确举办目标，并围绕目标来安排内容体系设计、主讲嘉宾邀请、主办场所布置和考核方式选择等相关各项工作。在职业院校技术技能人才培养实践中，培养目标是随着国家经济社会发展提出的新要求而不断变化的，工匠讲坛的举办目标也需要随着相关要求和自身条件的变化适时做出调整。

2）筹集工匠讲坛运行经费

工匠讲坛是职业院校技术技能人才培养活动的一部分，其运行经费主要由职业院校提供，学校可以根据自身经费情况选择合理的方式列支相关费用。当然，为了拥有更多的可支配经费，以便在邀请报告嘉宾、布置场所等方面拥有更多的选择空间，从而获得更好的举办效果，工匠讲坛在运行过程中可以通过冠名、捐赠等方式从相关企业、单位获取一部分经费作为运行经费。另外，职业院校也可以从工匠讲坛的运行经费中拿出一部分来设立奖项，激励职业院校学生更多、更深入地参与讲坛相关活动。

3）设计工匠讲坛内容体系

如果职业院校能够利用的资源有限，在初期阶段就可以根据现有的资源来安排工匠讲坛的内容体系，即对工匠讲坛报告的主题和内容，不必追求高标准，能讲什么就安排什么，先把讲坛办起来。当相关资源积累到一定程度，或者在初期就拥有丰富的资源时，就可以根据技术技能人才培养的需要来合理安排工匠讲坛的内容体系。在这种情况下，不宜完全由主讲嘉宾自行确定报告的主题和内容，建议根据技术技能人才培养的需求与主讲嘉宾商讨出双方均认可的报告主题和内容框架。

4）邀请工匠讲坛主讲嘉宾

主讲嘉宾情况关系到工匠讲坛报告的质量和技术技能人才培养的质量，因此，职业院校需要对工匠讲坛的主讲嘉宾做出审慎的考虑。与工匠讲坛内容体系设计一样，在资源有限时，职业院校可以在现有的资源范围内尽量合理安排工匠讲坛的主讲嘉宾。在资源丰富时，就可以根据技术技能人才培养的需要来选择合适的工匠讲坛主讲嘉宾。一些职业院校在邀请主讲嘉宾时，一味地选择那些名气较大的"成功人士"，其实这没有必要。所谓的"成功人士"带给学生的启发并不见得比非"成功人士"多，甚至可能不如普通的一线人员对学生的影响深刻。另外，一些职业院校在邀请主讲嘉宾时选择社会上的知名人士，其实职业院校内部的优秀教师和学生，以及优秀校友，都是工匠讲坛主讲嘉宾的合适人选，职业院校可以合理地运用这些资源。

3. 创客工坊

创客是指一群酷爱创新创造、热衷实践的人群，他们以分享技术、交流思想为乐。以创客为主体的社区，成为承载创客文化的重要平台。2010 年，中国第一个创客空间——新车间在上海成立。此后，北京、深圳、杭州等城市也开始出现创客空间。2015 年 12 月，《咬文嚼字》杂志发布 2015 年度"十大流行语"，"创客"一词排第五。

创客空间是创客们交流互动和动手创作的固定场所，是一种全新的组织形式和服务平台，是社区化运营的工作空间；它通过向创客提供开放的物理空间和原型加工设备，组织相关的聚会和工作坊，从而促进知识分享、跨界协作及创意的实现以至产品化[①]。职业院校的创客工坊是学生开展创新创业等活动的物理空间，是技术创新活动开展和交流的场所，是技术积累和创意实现、产品交易的场所，是很好的创

---

① 姚晓波，卢卓. 创客走进生活[M]. 广州：广东人民出版社，2018：24.

业集散地[①]，也是职业院校学生工匠精神培育的重要平台。

在职业院校的创新创业实践中，有一部分职业院校积极尝试，创建了创客工坊。例如，金华职业技术大学依托国家示范校和省重点建设专业群等平台，深耕课堂教学改革，引企入教，推教入企，校企聚焦开发四阶"项目中心课程"，建设"三空间三融入"创客工坊，营造"说做写教"合作学习生态，实施"过程画像"多元评价，构建基于工作坊的"项目中心课程"教学体系，形成校企协同育人长效机制，不断提高学生的综合职业能力与岗位适应性。通过改革，校企合作教学成果更丰硕。工作坊聚合地——"IT 智慧谷"（图 7-9）获批省级众创空间；建成匹配项目化教学的模块化课程与在线课程 119 门，开发工作手册式、活页式等新形态教材 17 本。

图 7-9　金华职业技术大学"IT 智慧谷"创客空间

在南京工业职业技术大学校园内，一间间特色鲜明的工坊取代了传统的教室，专业教师与学生同处一间工坊，教学、研讨、实操可以随时开展，工坊里摆满了学生的创意作品[②]。专业教育与创业教育紧密结合，既达成了职业院校高素质技术技能人才培养的预期目标，又赋予了这一培养过程独特的特点。

河南职业技术学院建设了六个创客工坊，在实施创新创业项目开展、培养学生创新创业能力、孵化创业项目和指导学生参加创新创业大赛等方面做出了突出的贡

① 杨柳. 创客的梦想家园：中国创客空间发展案例研究[M]. 深圳：海天出版社，2018：10-11.
② 佚名. 我校创客工坊建设带头人赴南京调研学习[EB/OL].（2016-12-16）[2022-12-16]. https://www.lvtc.edu.cn/2016/1216/c60a9169/page.htm.

献，科技成果产生了一定的社会和经济效益，达到了专业学习和创新创业实践的深度融合[①]。

为了增强创客工坊在创客校园建设中的活力，激发全院师生参与创客工坊运营的热情，提升全院师生的创新能力，南京机电职业技术学院开展了"一人一工坊"体验实践活动，采用学院补贴赠券的形式，通过丰富的工坊主题活动、多样的工坊互动体验，营造"人人参与工坊，人人动手创造"的创客校园氛围[②]。

结合创客工坊运行的实际情况，作者认为职业院校利用创客工坊培育学生工匠精神时应注意做好筹集运行经费、建设教学设施、建设创客导师队伍、改革教学模式与项目、实行入驻团队准入制及改革专业课程的考核方式六个方面的工作。

1）筹集运行经费

职业院校的创客工坊可以通过创意与产品的交易获得一定的收益，但是实际上它主要的功能还是为人才培养服务，创意与产品的交易很少，很难实现盈利。而且，在创客工坊的日常运行中，设备、耗材、人员聘请、水电费等都需要支出大量的费用。因此，为了维持创客工坊的正常运行，必须积极筹集运行经费。一般来说，职业院校创客工坊的运行经费来源于两个方面[③]：一方面是所在学校提供的经费，学校可以通过项目立项和政策扶持等方式，为创客工坊的师资队伍建设、设备与耗材购买、活动开展等提供一部分经费；另一方面是社会支持，创客工坊可以通过学生创意与作品的市场转化、给相关企业与产品冠名、争取合作企业资金投入等方式获得一定的资金支持。

2）建设教学设施

职业院校的创客工坊是一个将创意实现并产品化的场所，不仅需要一定的物理空间，还需要各种原型加工设备和其他教学设施。由于可能涉及多个专业领域，所以创客工坊需要准备的设备种类比传统的单一功能的实训场所更齐全。由于活动和人员的变化可能比较大，在准备加工设备时，应以基础性、通用性设备为主，少量

---

① 陈燕萍. 我院举办"创客工作坊"中期验收汇报会[EB/OL].（2021-04-23）[2022-12-16]. https://cyxy.hnzj.edu.cn/info/1003/1958.htm.

② 佚名. 南京机电职技院创客工坊体验活动开始啦[EB/OL].（2022-12-16）[2023-03-12]. http://www.mak-er.com/jyzx/558.html.

③ 李棚，曹维祥，孔健. 高职院校电子信息类创客工坊建设模式探索[J]. 湖州职业技术学院学报，2017，15（3）：31-32.

或者根据具体需要配备特殊设备。对于那些由于人员变化不再需要的设备，可以通过交换或者变卖后再购买等方式换取其他需要的设备，这样一方面可以及时腾出放置闲置设备的空间，另一方面可以更好地满足其他活动开展的需要。金华职业技术大学木工工坊如图 7-10 所示。

图 7-10　金华职业技术大学木工工坊

3）建设创客导师队伍

创客导师是职业院校创客工坊运行的关键要素。那么，职业院校创客工坊的运行需要怎样的导师队伍呢？有的职业院校认为一般的专业教师就可以，有的职业院校提出应该配备"双师型"教师。实际上，职业院校的创客工坊应配备"三师型"导师。所谓"三师型"导师，是指创业教师、理论教师和实践教师。也就是说，创客工坊的导师既要具有较强的创新创业意识与能力，又要能够进行理论教学，还要能够进行实践教学。职业院校可面向社会各行业，打破专业领域藩篱，吸引有志于从事创客教育的企业人员、社会人士及专业教师组建跨行业、跨专业的创客导师队伍。

职业院校的创客工坊应配备的创客导师的标准可参照《教育部办公厅关于做好职业教育"双师型"教师认定工作的通知》（教师厅〔2022〕2 号）和"创新创业"相关标准。短期内，可以通过对相关教师进行培训使其具备创客工坊所需要的"三师"素质。从长远来看，职业院校应制订创客工坊教师培养方案，使相关教师能够集创新创业、理论教学和实践教学等相关素质于一身。

4）改革教学模式与项目

创客工坊作用的充分发挥需要借助合适的教学模式与项目，职业院校应根据人才培养的需要和自身实际条件，适时对教学模式与项目进行改革。在教学模式方面，一是应对传统的实践教学模式进行优化设计，增加实践教学在整个人才培养过程中的比重，融入有助于创新能力培养和综合能力提高的教学内容，切实提高学生的实践能力；二是应强化学生的创新创业能力，鼓励学生多参加创新创业类竞赛和职业技能大赛，激发学生的参赛热情，提高学生的创新能力[1]。在教学项目方面，学生可以在创客工坊结合自身专业方向，根据自身兴趣、企业需求、导师课题等，在创客导师的指导下，开放式选择创客项目。创客导师指导学生开展工业机器人操作训练如图 7-11 所示。

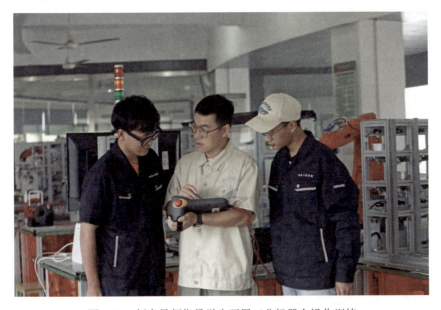

图 7-11 创客导师指导学生开展工业机器人操作训练

① 黄志艳. 基于创客教育视角下的"工坊式"教学模式在高职专业课程教学中的探究与实践[J]. 科教文汇（下旬刊），2020（3）：136.

例如，在教学过程中，推行创客项目活动轨迹管理，以学生为中心，探索基于创造的教学方法，将教学过程分成确定主题、自主学习、协作学习、产品制作和产品展示五个阶段。首先，学生通过前期的专业知识学习，结合自身的兴趣确定创客项目的主题，通过线上线下的自主学习与收集资料，提出问题，再与团队其他成员进行多轮小组讨论和协作学习，提出问题解决方法，以培养自身全面而充分地收集、利用优质学习资源及积极寻求合作的能力；其次，确定设计方案，分工合作开展产品制作，重点培养学生动手创造、精益求精、尚工重器的工匠精神；最后，进行产品展示，由创客导师团队和其他团队学生对作品进行评价，推荐好的作品参加各级各类创新创业大赛，使学生敢于求知、乐于求知、知而有果。在此过程中，创客导师团队主要发挥引导和跟踪的作用，也可参与学生创客团队的讨论，并提出建议。创客导师指导学生开展工业机器人创新设计如图 7-12 所示。

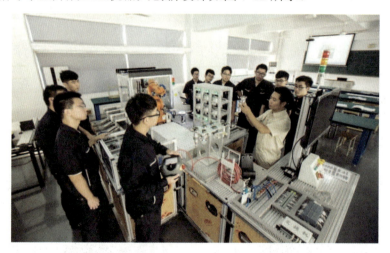

图 7-12　创客导师指导学生开展工业机器人创新设计

5）实行入驻团队准入制

创客工坊建设中最关键的是吸引创客团队入驻。一般采用创客团队入驻申请制，由创新创业学院组织专家负责项目评审。在职业院校中，一般规定入驻团队成员必须为学校全日制在校生，团队成员需学习成绩优良、学有余力，且在校期间无任何违规违纪记录和行为，无专业课程不及格记录，在"互联网+""挑战杯"等各类国家、省、市、校级创新创业竞赛中获奖和有科研成果转化的项目可优先入驻。申报项目通常采取"学生申请、学院推荐、学校审核、项目灵活、依规进出、定期考核"

的运行模式。项目负责人应具有独立承担风险的能力，项目应符合国家产业政策，注重创新性，有一定的科技含量，并以所学专业为背景。

6）改革专业课程的考核方式

创客工坊是职业院校人才培养活动的重要载体。为了更好发挥这一载体在技术技能人才培养特别是工匠精神培育中的作用，职业院校应该对专业课程的考核方式进行改革。一是增加考核主体。虽然职业院校提出"校企合作"已经很多年，但是在技术技能人才培养实践中，评价的主体基本上都是职业院校教师，这在一定程度上制约了技术技能人才培养的效果。职业院校应积极利用创客工坊的制度优势，将其纳入专业课考核，并在考核中引入企业等用人单位的评价。二是调整考核内容。专业理论一直是专业课考核的主要内容，尽管近年来专业实践也受到高度重视，但工匠精神、自主学习能力等方面并未得到应有的关注，这不利于职业院校技术技能人才培养目标的实现。因此，职业院校应该对专业课考核内容进行必要调整，增加对工匠精神、自主学习能力等方面的考核。

金华职业技术大学机电工程学院实训室 5S 管理标准

职业素养是职业人在职业生活中应当遵守的具有职业特征的道德操守和行为准则，是职业工作与职业发展的软实力。5S 管理对改善生产现场环境、提升生产效率、保障产品品质、培养员工的职业习惯与职业品质有着积极的作用，是现代制造业广泛应用的管理手段之一。从 2012 年开始，金华职业技术大学机电工程学院借鉴企业的精益化生产理念，在实训室建设过程中推行 5S 管理，制定及完善实训管理制度，推进精益化实训管理。

1. 实训室 5S 管理的基本标准

1）5S 基本标准

（1）字体。

规定的所有目视化标识中用到的字体共有两种：所有汉字均使用黑体；所有字母和数字均使用 Arial 字体。

（2）颜色及条纹。

① 安全色和对比色。安全色和对比色是用于传递安全信息的颜色，定义颜色标准参见 GB 2893—2008《安全色》。表 7-1 所示为国际通用的标准色卡。

表 7-1　国际通用的标准色卡

分类	颜色	颜色含义	适用范围
安全色	大红色	传递禁止、停止和危险信息或标识消防设备、设施信息	各种禁止标志，如交通禁令、消防设施、机械停止按钮、刹车及停车装置、设备转动部件的裸露部分、仪表刻度盘上的极限位置、各类危险信号旗等
	中黄色	传递注意、警告的信息	各类警告标志，如道路交通标志和标志线中的警告标志、警告信号旗、设备或工具的护栏等
	淡绿色	传递安全的提示性信息	各种提示标志，如机械启动按钮、安全信号旗、急救站、疏散通道、避险处、应急避难场所、安全位置等
	浅蓝色或中蓝色	传递安全的提示性信息	各种提示标志，如安全出口、应急通道、疏散通道、避险处、应急避难场所、安全位置等
对比色	白色	使安全色更加醒目	安全标志中红色、蓝色、绿色的背景色，以及文字和图形等
	黑色	使安全色更加醒目	安全标志中与黄色搭配使用，以及安全标志的文字、图形符号和警告标志的几何边框等

② 安全色与对比色的相间条纹。标示安全标志，使用等宽条纹，与基准面倾斜约 45°，条纹宽度 C 一般为 50mm，也可根据设备大小或安全标志位置采用不同宽度，在较大/较小面积上宽度可适当放大/缩小，但每种颜色不能少于两条。标识线的长度 A、宽度 B 根据标识物大小而定。安全色与对比色示例如图 7-13 所示。

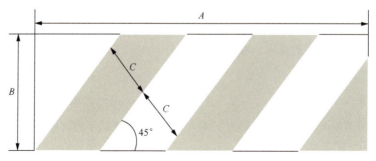

图 7-13　安全色与对比色示例

分类	颜色图片	颜色含义	适用范围
红白相间条纹		禁止或提示消防设备、设施位置的安全标志	交通运输方面所使用的防护栏杆及隔离墩；液化石油气汽车槽车的条纹、固定禁止标志的标志杆上的色带
黄黑相间条纹		危险位置的安全标志，用于设备时，倾斜方向应以中心为轴线对称。对于相对运动位置，条纹倾斜方向应相反	机械在工作或移动时易碰撞的部位，如起重机的外伸腿、吊钩、限位、设备移动路轨周围永久性危险场所，剪板机压紧装置；固定警告标志的标志杆上的色带，通道上易被碰撞处的警示标志

图 7-13（续）

（3）实训室内通道管理标识。

为明确实训室内人员、物资移动通道范围，确保区域安全，保证人员、物资流动范围，根据用途对通道进行分类，并明确通道区域线、隔离区标示方法，主通道宽度不得少于 3.5m。

区域照度要求：照度是指被照明物体表面单位面积上所接收的光通量，单位为勒克斯（lx）。各区域平均照度规定值如表 7-2 所示。

表 7-2　各区域平均照度规定值

平均照度/lx	场所
1000～1500	检验工作台、洁净室、抛光区域
500～800	办公室、会议室、实训室
300～400	大厅、茶水室、盥洗室
200～300	走道、储藏室、停车场

（4）实训室工作台标准要求。

尺寸及颜色要求：实训室工作台尺寸一般选用 1200mm×600mm、1500mm×750mm，检验工作台可以选用 1000mm×750mm，台面颜色一般选用墨绿色。

工作台电源及其他连线一律走暗线或用线槽，确保走线整齐不凌乱。

2）5S 定置管理标准

（1）地面上不同物品区域定置标示方法。

置于地面上的物品，如工作台、工具、工装、设备、周转车、周转箱、料架、物料等，均需进行区域定位，使用长方形框定位或四角定位的方式。

除工作台、设备、固定料架以外的区域必须有文字标识标明为何区域，具体标示要求如图 7-14 所示。

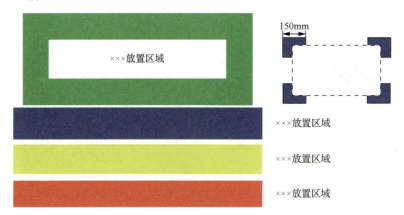

分类	颜色	颜色图片	标识文字		线宽	线型	区域大小
			字高	颜色			
合格品区域	淡绿色		28mm（90 号字）	黑色	50mm	实线	按实际需求
待检区域	纯白色		28mm（90 号字）	黑色	50mm	实线	按实际需求
不合格区域	大红色		28mm（90 号字）	黑色	50mm	实线	按实际需求
危险品区域	中黄色		28mm（90 号字）	黑色	50mm	实线	按实际需求
其余区域	淡蓝色		28mm（90 号字）	黑色	50mm	实线	按实际需求

图 7-14　物品区域定置标示要求

（2）文字标识规定。

规格：文字标识牌的长度根据字的数量确定，宽度与区域线的宽度一致（50mm）；最左端的字和最右端的字与边框的距离分别为 10mm；线框无颜色。

材料：黄色长方形纸。

字体：文字居中，黑色黑体，字高 28mm（90 号字）。

颜色：文字标识牌的底色为白色。

使用范围：所有地面标识。

使用规范：文字标识牌贴于区域线上，宽度方向与区域线重合。

（3）一般标准工具的标示方法。

规格：物品标签的宽度为 18mm，长度根据标识物品的内容而定。

材料：绿色色带纸。

字体：黑体，28 号字。

颜色：绿纸黑字。

使用范围：各种标准工具、器材类。

使用规范：可放于使用区或工具陈列柜，尽可能使用形迹管理，即在存放工具位置画上它的形迹或抠成工具的形状。如果使用工具陈列柜的方式，须在工具箱的右侧贴附工具清单，并标明使用者及管理者。在每个工具位置上贴上述格式的标签；工具使用后，及时归位。

说明：标识可视实际情况贴在工具旁边或工具上。

3）5S 设备设施管理

（1）设备信息/状态管理标识。

设备资产编号铭牌标示示例如图 7-15 所示。

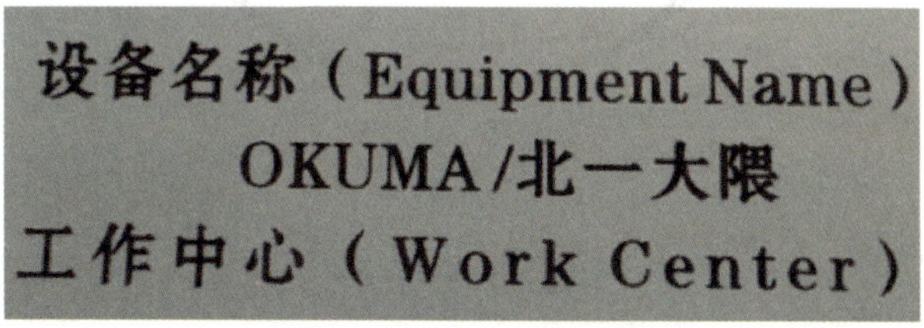

设备名称（Equipment Name）
OKUMA/北一大隈
工作中心（Work Center）

图 7-15　设备资产编号铭牌标示示例

规格：105mm×60mm×1mm。

材料：表面拉丝不锈钢铭牌。

字体：宋体，字高 7mm，居中排列于机床名称下方。

颜色：不锈钢底色黑字。

（2）设备使用状态标示方法。

设备使用状态标示示例如图 7-16 所示。

| 正常运行 | 调试维修中 | 异常情况 | 无生产计划 | 设备停用 |

图 7-16　设备使用状态标示示例

规格：150mm×60mm。

材料：普通纸张塑封。

字体：黑体，字高30mm。

颜色：淡绿色、柠檬黄、大红色、蓝色、白色。

（3）设备点检目视化管理标识。

指针式仪表标示方法图示如图7-17所示。

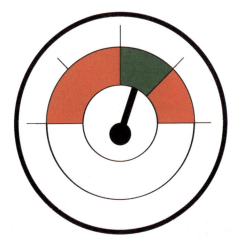

图7-17　指针式仪表标示方法图示

规格：标签的尺寸由仪表的尺寸确定。

材料：油漆或即时贴。

颜色：大红色、淡绿色。

使用范围：此标准适用于有预定工作范围的仪表，如气压表。

使用规范：绿色线条标识为正常操作范围，红色线条为不正常操作范围；标签不能遮住计量器的数字。

4）5S消防设施管理标识

（1）消防设施点位设施配置的标准化标示。

消火栓配置标准信息表标示方法如表7-3所示。

表 7-3　消火栓配置标准信息表标示方法

器材	要求	标准图片	使用方法
消火栓箱体	无损坏，无变形；油漆完好；保持整洁，无水渍	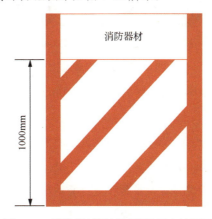	① 打开或击碎箱门，取出消防水带； ② 展开消防水带； ③ 将水带一头接到消栓接口上； ④ 另一头接上消防水枪； ⑤ 打开消防栓上的水阀开关； ⑥ 对准火源根部，进行灭火
消火栓玻璃	无损坏		
消防水带	按图片规定卷好并放置；保持干燥（如果使用，则需晒干后收起）；水带无破损，快速接口完好无损		
消防水枪	无损坏；按图片规定放置		
报警按钮	报警按钮无损坏		
消火栓阀门	无锈蚀；无滴漏现象		
其他张贴信息	消火栓使用方法；消火栓点检表		

规格：150mm×100mm。

材料：彩印，塑封方式，双面胶张贴。

字体：标题（黑体，12 号字），文档（黑体，10 号字），标题文字居中排列。

颜色：标题（底色橘黄色），文档无底色。

使用范围：所有消火栓。

使用规范：在所有消火栓张贴，明确检查要求。张贴于消火栓玻璃左下角。

（2）消防器材区域划线标示。

消防器材区域划线标示方法图示如图 7-18 所示。

图 7-18　消防器材区域划线标示方法图示

规格：距离消防器材1000mm，宽度与消防器材箱体宽度相当，标识线宽度为50mm，倾斜约45°，斜线间隔250mm。

材料：自粘胶带或油漆。

字体：无。

颜色：大红色。

使用范围：参照消防法规要求，消防器材存放区域需保持存取使用畅通方便。

使用规范：预留使用通道及空间，保证距箱体正面1m，宽度略宽于箱体范围且箱体内无堆积物遮挡；同时消防器材前方确保有宽度为0.8m以上的通道，可以通到消防器材位置，便于消防器材的取用。

5）5S警示标牌管理标识

警示标牌标识如图7-19所示。

图7-19　警示标牌标识

规格：张贴于宣传板和所在区域时的规格为280mm×420mm；张贴于设备上时的规格为150mm×210mm。

材料：塑料材质（280mm×420mm），委外定制自粘贴（150mm×210mm）。

颜色：底色分别为蓝色、大红色、中黄色。

使用范围：在存在风险隐患的设备部位进行警示标示，以提醒员工安全操作。

使用规范：禁止标志——禁止不安全行为的图形，如"禁止合闸"标志；警告标志——提醒对周围环境需要注意，以避免可能发生危险的图形，如"当心夹手"标志；指令标志——强制做出某种动作或采用防范措施的图形，如"双手操作"标志。

图形标志和相应的警示语句可以配合使用，具体可参照 GB 2894—2008《安全标志及其使用导则》。

6）垃圾桶标识

垃圾桶的颜色分为三种，即绿色、黄色、蓝色。绿色垃圾桶装可回收废弃物，黄色垃圾桶装危险固体废弃物，蓝色垃圾桶装不可回收废弃物（图7-20）。

可回收废弃物：无化学性危害，具有再利用价值的废弃物，如纸张、纸板、塑料、玻璃等	危险固体废弃物：对人体健康或环境会带来重大危害的废物，如医疗废弃物、废矿物油类（擦油纸、沾过油的个人防护用品等）、废日光灯管、废墨盒、化学品空瓶等	不可回收废弃物：无化学性危害，但无再利用价值的废弃物，如建筑垃圾、生活垃圾、废粉、废砂等

图 7-20　垃圾桶的颜色标识

2. 实训室管理规范

1）师生工装穿戴管理规范

师生进入实训室进行实训教学时，为保证操作安全，要求正确穿戴工装。上下衣须穿戴整齐，上衣要保证"三紧"，即领口紧、袖口紧、下摆紧，衣裤拉链到位，纽扣锁住。进行机床操作、车辆维修、钳工操作等有重物坠落危险工作时，必须穿防压劳保鞋；女生须戴工作帽，并将头发盘入工作帽内。师生工装穿戴管理规范示例如图7-21所示。

图 7-21　师生工装穿戴管理规范示例

2）实训各区管理规范

（1）理论教学区管理规范。

理论教学区的课桌椅要按地面标识统一摆放整齐，不使用的椅子要放在桌子下面。理论教学区内无杂物和不用的物品，书本和文具要按指定位置摆放；使用频率高的书或物品放在上面，使用频率低的书或物品放在下面，并把它们的摆放顺序固定下来。地面、讲台每天至少清扫一次，黑板至少每天擦拭一次，门窗每周擦拭一次。理论教学区管理规范示例如图 7-22 所示。

图 7-22　理论教学区管理规范示例

（2）实训教学区管理规范。

实训室管理教师应负责所有实训教学区内固定资产及仪器设备的安全，每天检查实训教学区内水、电、门窗的安全，并做好检查记录，定期检查消防用品是否完好、有无过期，并做好记录。实训设备应按地面标识统一摆放整齐，地面无垃圾且每天至少清扫一次，门窗每周擦拭一次，保持实训教学区内的卫生整洁。实训教学区管理规范示例如图 7-23 所示。

图 7-23　实训教学区管理规范示例

图 7-23（续）

（3）清洁区管理规范。

各实训室应设置专门清洁区，用于放置清洁工具与清洁用品，本区域的清洁工具只限于在本区域内使用。清洁工具与用品要求清洗干净、摆放整齐、无异味、无杂物、无污渍，并做好定位和标识。清洁区管理规范示例如图 7-24 所示。

图 7-24　清洁区管理规范示例

3）实训设备、工作台及工量具管理规范

（1）实训设备管理规范。

设备要按规定位置摆放，并做好设备定置和标识，实验员应定期检查实训设备的使用情况和完好程度。发现机器设备出现故障时，应及时报告和妥善处理，做好实训设备的日常维护工作，保证设备的完好率。各种仪器用具不得外借，确需外借使用，必须经主管院长签字同意后方可执行。实训室人员不得将任何仪器设备带回家中使用。每日实训结束后要清理机床，并做好全面生产性维护，即对设备实行预防维护，同时在维护中对设备进行改善维护。实训设备管理规范示例如图7-25所示。

图7-25　实训设备管理规范示例

（2）工作台管理规范。

工作台、工具车、工具柜等均应放于地标线内，工具车、工具柜所存放工具应分类、分层、分区定位摆放，可采用形迹管理方式进行管理，禁止存放非本工种作业工具类物品。工作台的各个贮物空间，允许存放本工序（岗位）常用的工装、工具，不得存放与工作无关的物品。所存放物品须实施定置管理，分区、分类放置整齐，并经常保持清洁整齐、保证完好。工作台管理规范示例如图 7-26 所示。

图 7-26　工作台管理规范示例

（3）工量具摆放规范。

工量具摆放要整齐并做好标识，粘贴定置工量具明细表，标注种类物品名称，对于经常使用而不更换的工量具要在摆放前设定位标识。有精度要求的工量具应按规定做好支撑、垫靠，使用后应清理干净，防止工量具生锈和变形。工量具摆放规范示例如图 7-27 所示。

图 7-27　工量具摆放规范示例

4）教学管理规范

（1）学生规范。

① 在实训过程中，学生应严格遵守 5S 管理规程，按规程规范实施作业，注意安全操作。

② 应保管好自己的工件与工具，未经允许，不得更换及混用，不得带离实训室。

③ 按时按量完成实训任务，要善于运用手册、说明书、标准等资料；小组集体完成的任务，要有团队意识，相互配合协作，共同学习提高。

④ 树立质量意识。所完成的工件、图纸、设计方案应尽量完善，做到一丝不苟、臻善臻美。

⑤ 具有成本意识。在实训过程中，要注重节约，不能浪费实训材料，节约水电，爱护实训设备、工具及其他设施。

⑥ 具有创新意识。在实训过程中，要勤于思考，敢于创新，积极提出自我见解，经指导教师同意后可尝试新技术、新方法、新工艺及新材料。

⑦ 具有环保意识。按规定处理废料、废液、废气，不能随意丢弃与排放，有毒有害物品要按规程妥善保管、使用与处理。

（2）教师规范。

① 指导教师需根据教材和教学大纲的要求授课，配合理论教学，在教学过程中充分利用现有技术和设备，完成实验与实训教学任务。

② 指导教师应严格执行实训教学计划，每次实训课前要做好一切准备工作，确保实训教学秩序和教学质量。

③ 开始实训前，指导教师应仔细检查学生的实训服装、防压劳保鞋和其他防护物品是否符合本实训室的具体要求，制止不符合要求的学生参加实训。

④ 在授课过程中，指导教师应认真仔细地讲解本次实训项目的具体内容、操作方法、操作要领、技术关键、注意事项等，同时还应注意做好秩序维持、安全监控等工作。

⑤ 要注重培养学生的遵守规程意识、质量意识、团队合作意识、成本意识、安全意识、环保意识，启发学生的创新思想。

⑥ 指导教师在实训过程中发现学生的违纪行为，特别是涉及设备、人身安全的问题时，要迅速做出反应，加强教育与批评，问题严重的可上报上级主管部门，给予责令暂停实训等处分。

第 8 章

工匠精神培育与效果考核

观点精要　工匠精神培育过程复杂、实践性强、见效慢且不易量化。在人才培养实践中，工匠精神培育效果不易体现，往往会出现培育过程落实困难、培育形式浮于表面、培育主体积极性不高、培养成效不够明显等问题。建立科学的评价体系与考核标准是提升工匠精神培育效果的有效途径，可以促使工匠精神培育各项工作落到实处，实现"以评促育"的目标。建立量化考核标准及创新有效的考核手段，实施全过程、全员参与的考核，形成工匠精神培育考核评价体系，是工匠精神培育效果的保证。

8.1　工匠精神培育效果考核的必要性与原则性

工匠精神培育是职业院校技术技能人才培养实践中的必要组成部分，而不是可有可无的点缀，因此有必要通过评价考核来推进有关各方将工匠精神培育相关工作落实到位。

8.1.1　工匠精神培育效果考核的必要性

在职业院校以往的技术技能人才培养实践中，虽然工匠精神培育一直存在，但是长期处于边缘化状态，具体表现如下。

（1）工匠精神培育目标不明确。在教育部网站公布的《高等职业学校专业教学标准》中，各专业的培育目标中均加入了"精益求精的工匠精神"。"工匠精神"还被写入"培养规格"中的"素质"类别下。在以往的相关文件中，却难觅"工匠精神"这一词汇，工匠精神培育更多的是职业院校教师在教学中的自发实践。对于是否落实、能否落实到位，既没有明确要求，也没有相关考核，完全取决于院校和教师的具体执行情况。

（2）工匠精神培育内容没有落实。正是由于工匠精神培育目标不明确，在以往的技术技能人才培养实践中，只有在职业素养类课程中才会明确提到工匠精神培育，在其他课程中则较少提及，因而工匠精神培育内容没有落到实处。作者曾经在调查时询问一些职业院校教师，在其教学中有没有工匠精神培育的内容，大多数教师表示有，但当进一步问具体有哪些地方涉及工匠精神培育，在具体的教学实践中如何操作时，大多数教师无法详细说明。

（3）工匠精神培育效果无人检验。工匠精神培育既不是职业院校技术技能人才培养活动的目标，又不是大多数课程的教学内容，因而在以往的技术技能人才培养实践中，工匠精神培育效果无人检验。在这样的境况下，工匠精神培育的效果可想而知。

工匠精神培育不仅会对职业技能培育具有重要影响，还会直接影响技术技能人才的综合职业素质，进而影响技术技能人才培养的质量。加强工匠精神培育效果的考核，以此倒逼职业院校明确工匠精神培育目标、落实工匠精神培育内容，这对于强化工匠精神培育具有重要意义，同时也是提高职业院校技术技能人才培养质量的一个重要环节。

8.1.2　工匠精神培育效果考核的原则性

结合考核的含义与职业院校技术技能人才培养实践中考核工作的实际，作者认为考核需遵循以下几项原则。

（1）考核要有科学的标准。考核的最终目的是要促使被考核者充分调动自身的各种能力，努力把事情做得更好，实现预期的目标。考核者要根据工作的性质与特点及被考核者的特点，采用科学的方法，制定能够得到被考核者认可的考核标准，并且使这样的标准保持一定的稳定性。如果考核标准不科学或者随意变动，被考核者就难以根据这些标准来规划和制订行动计划，从而也就难以实现考核者希望达成的目标。

（2）考核者要能秉持客观公正原则。考核是检查预期目标是否实现的一种手段，要以客观实际情况为判断依据，要实事求是地做出判断，这样才能更加准确地了解相关事情的进展程度，并推动其后续发展。如果考核者在考核过程中不能秉持客观公正原则，则一方面将难以获得真实有效的信息，难以对被考核者的实际情况做出准确的判断，进而影响其后续的发展；另一方面将失去被考核者的信任，进而影响被考核者在以后工作中的配合度。这些都会影响预期目标的实现。

（3）考核结果应该经得起推敲。考核是对被考核者相关行为的一种检查、督促和激励。如果考核结果经不起推敲，就难以得到被考核者的认可。在这种情况下，无论考核者采取怎样的手段来迫使被考核者认可这个结果，都难以达到预期的效果。考核者应该在保证考核标准科学、评判客观公正的基础上，细致处理各个相关细节，确保得出的结论经得起推敲，使被考核者心服口服地接受考核结果，以使考核结果充分发挥其应有的作用。

（4）考核结果的运用要适度。考核不是目的，而只是促进预期目标实现的一种手段，因此在运用考核结果特别是不好的考核结果时一定要适度，不然会影响被考核者参与后续事情的积极性。一些考核者在运用考核结果时会夹带私人的目的，他们往往自以为天衣无缝，实际上被考核者和其他人一看便知。这不仅会影响后续相关工作的开展，还会影响大家对考核者的人品和工作能力的判断，也会对团队的凝聚力和活动效果造成一定的伤害。

工匠精神培育是职业院校技术技能人才培养实践的重要组成部分。科学的工匠精神培育是有目标、有载体、有结果的人才培养活动，职业院校教师可以根据不同载体中的工匠精神培育活动实现预期目标的程度对培育工作进行判断。也就是说，工匠精神培育是能够进行考核的。

那么，应该如何对职业院校学生工匠精神培育效果进行考核呢？由于工匠精神培育难以量化，所以难以对整个培育活动直接进行考核。但是工匠精神培育是由一些具体的教育教学活动组成的，这些具体的活动又是可以通过设置一定的量化标准进行考核的。因此，可以将工匠精神培育活动分解为若干个模块，分别对各个模块设置量化考核标准，进而通过对各个培育模块的考核来实现对工匠精神培育活动整体的考核。可见，这样的工匠精神培育考核是一种量化的、间接的考核。虽然这样的考核活动可能存在一定的误差，但如果各个模块的考核标准设置得尽量科学，考核者能够秉持客观公正原则，并细致地处理考核相关事项，则有可能将误差控制在合理范围之内，得出经得起推敲的考核结论。

8.2 工匠精神考核的模块与方法

工匠精神培育环节涉及学生在校学习、生活的方方面面，针对培育的主要环节需设置考核的模块，明确考核标准、考核形式与考核方法，并形成评价与改进的闭环，通过考核促进学生工匠精神的养成。本节以金华职业技术大学机电工程学院工匠精神考核为例，分别从课程教学活动、专业实践活动、学生管理过程三个方面阐述考核的标准、形式与方法。

8.2.1 课程教学活动中的工匠精神考核

专业课程设置和主要内容在一定时期内具有相对稳定性，其作用是为学生掌握专业知识和技能打下一定的基础[①]。专业课程的教学是工匠精神培育的主阵地之一，也是工匠精神培育考核较容易实现的环节。在进行专业课程的工匠精神考核时，主要根据课程的教学目标、教学内容，融入相关的工匠精神培育要素，提出有针对性的形成性考核标准，并据此进行考核。例如，在绘图类课程中，重点考核一丝不苟、细致严谨的学习态度；在设备操作类课程中，重点考核规范操作、安全环保的内容；在检测类课程中，重点考核崇尚科学、尊重数据的诚信品格；在设计类课程中，关注创新意识、质量意识的考核；等等。

专业课程的教学形式有多种，包括在教室进行的理论课程、在教室与实训（实验）室轮换教学的理实一体化课程。在课程教学设计中，应将工匠精神培育要素融入课程内容中，设计教学情景与教学过程，这也是当前课程思政设计的重要组成部分。同时，应明确工匠精神考核的内容和形式，将其与课程所传授的知识和技能考核紧密结合，并贯穿课程的形成性考核与终结性考核。

金华职业技术大学机电工程学院要求在各专业课程形成性考核中明确职业素养（工匠精神）的考核形式、考核内容及考核要求，明晰学习手册和项目评价的考核内容及考核要求；在终结性考核中需涉及职业素养（工匠精神）的相关考试内容。专业课程形成性考核方案示例如表 8-1 所示。

---

① 何应林. 高职学生职业技能与职业精神融合培养研究[M]. 杭州：浙江大学出版社，2019：126.

表 8-1　20××/20××学年第××学期金华职业技术大学机电工程学院专业课程形成性考核方案

课程名称	电动工具检验与测试		专业			班级	
授课教师							
终结性考核占课程总成绩的比例			50%	形成性考核占课程总成绩的比例			50%
形成性考核		考核形式	考核内容	考核要求			分值比例
	职业素养	考勤	出勤情况	不旷课、不迟到、不早退			15%
		课堂表现	课堂纪律、课堂问答	认真听课，回答问题正确，不睡觉、不玩手机，课堂秩序好			15%
		操作规范	实训操作规范性、5S 管理执行能力	操作规范、认真细致，实训过程按 5S 管理要求执行			15%
	学习手册		学习手册填写情况	测试数据真实、完整、准确，课后答题正确			20%
	项目评价		团队协作性、项目完成过程及检测报告质量	团队协作好，项目汇报清晰、要点正确，回答问题正确，检测报告完整正确			35%
终结性考核			期末闭卷考试				100%
课程负责人审核意见				系部主任审核意见			

评分标准：

1. 考勤：总分 100 分，旷课 1 次扣 30 分，迟到、早退 1 次均扣 10 分。

2. 课堂表现：总分 100 分，睡觉、玩手机每次扣 10 分，其他不良表现酌情扣分。

3. 操作规范：总分 100 分，按操作规范进行测试操作，违规 1 次扣 20 分，造成严重安全问题扣 100 分，未达到 5S 管理要求 1 处扣 10 分。

4. 学习手册：总分 100 分，学习手册独立完成，按数据及过程填写正确性与规范性评定。

5. 项目评价：总分 100 分，按项目完成过程正确性、团队协作性、检测报告质量等进行评价，由教师评价、小组互评、组员互评组成。

6. 期末闭卷考试：总分 100 分，按卷面得分计算

8.2.2　专业实践活动中的工匠精神考核

1. 实践教学课程中的学生工匠精神培育活动及其考核标准

实践教学课程是专业课程中以实践训练为主的课程，一般为按周排课的课程。实践教学课程按课程内容可分为综合实训课、认识实习课、生产实习课、顶岗实习课、毕业设计课等；按实施场所可分为校内实训课程和校外实习课程。实践教学课程的内容与岗位工作内容紧密相关，实施形式以学生个体实践训练为主，对工匠精神的培育更为明确与直接，对工匠精神培育的考核也更为有效。

校内实施的实践教学课程以实践指导教师的评价为主，重点关注实践操作的规范性、安全性、任务完成度、团队协作性等内容，可设置课程的形成性考核方案（参

工匠精神培育理论与实践

见表 8-1）。因实践教学课程涉及的设备、场地较其他课程多，根据考核要求，需针对设备、场地环境的管理要求制定考核细则，如制定 5S 现场管理检查表（表 8-2）、设备保养任务表（表 8-3）等。不同专业及课程涉及的实践环境与设备器材不同，因此可根据具体情况有针对性地制定检查考核要求。

表 8-2　金华职业技术大学机电工程学院 5S 现场管理检查表

班级：　　　　　级别：　　　　　　　检查人员：　　　　　　　检查时间：

项次	检查项目	得分	检查内容	检查状况	不合格项
1	通道、作业场所	0	无标示区分、脏乱		
		1	有划分但不清晰，有脏乱区域		
		2	虽划分清晰，但标识破损不堪		
		3	各区域标识清晰		
		4	任何人视之，均舒适、清晰、满意		
2	地面	0	地面有油或水		
		1	地面有油渍或水渍，不干净		
		2	表面干净，但凹坑有积水		
		3	经常清理、没有赃物		
		4	地面干净亮丽、感觉舒服		
3	设备、机器、仪器、货架、工具车	0	没有划分区域、脏乱		
		1	有划分但不整齐		
		2	划线基本符合要求、干净		
		3	区域划分清楚，仪器、设备等干净整洁		
		4	整体规划、感觉舒服		
4	理论教学区/机房	0	很脏乱		
		1	虽有整理，但不彻底		
		2	基本干净，但存在清理死角		
		3	较为整齐、干净		
		4	全部整齐、干净，感觉舒服		
5	其他场所	0	污垢、灰尘明显，不便于使用		
		1	虽经清理，但留有污迹		
		2	表面干净，局部有积尘		
		3	有定人定时清理制度		
		4	视之、摸之均为满意状态		
	合计				

表 8-3　数控车床保养任务表（SOP[①]）

序号	保养图例	保养说明	频率	序号	保养图例	保养说明	频率
1		检查切削冷却液高度，不足补充	每天	5		清理机床外表面及操作台	每天
2		检查油压系统压力	每天	6		清洁主轴油冷却装置散热器、电控柜通风口	每周
3		检查安全装置（急停开关、防护门等）	每天	7		清洁主轴端部切削液管、冷却油箱过滤器	每周
4		清除导轨护罩、切削区的切屑，并给工作台、导轨加 32 号润滑油	每天	8		检查油压系统油位，不足补充	每周

　　校外实施的实践教学课程考核一般分为校外实习指导教师评价和校内指导教师评价两个部分，两者在工匠精神的考核方面各有侧重。校外实习指导教师注重考核实习学生的爱岗敬业、吃苦耐劳等方面的工作态度，遵守规程、钻研技艺的工作作风及工作业绩，对学生在企业岗位实践期间的出勤、工作态度和工作业绩等进行评价；校内指导教师注重考核学生的劳动纪律、团队协作、总结提升等方面的表现，对学生实习期间的出勤情况、日（周）记撰写的完整性与及时性、总结撰写情况等进行评价。根据实习内容、时长及指导方式，校内外指导教师评分成绩占有不同的比例。实践教学课程成绩综合评定表示例如表 8-4 所示。

---

　　① SOP，即 standard operating procedure，译为标准作业程序，是指将某一事件的标准操作步骤和要求以统一的格式描述出来，用于指导和规范日常的工作。

表 8-4　金华职业技术大学实践教学课程成绩综合评定表

学生姓名		性别		班级	
学号				专业	
实习名称				实习时间	
实习单位				实践岗位	

实习自我鉴定（实习表现、工作态度、工作业绩等）：

校外实习指导教师评价（出勤、工作态度和工作业绩等）：

成绩（百分制）：　　校外实习指导教师签名：　　实习单位盖章：

年　　月　　日

校内指导教师评价	出勤	日（周）记	总结	成绩（百分制）
综合成绩（校外实习指导教师评价 60%+校内指导教师评价 40%）				

2. 第二课堂活动中的学生工匠精神培育活动及其考核标准

第二课堂活动是指在第一课堂之外的时间进行的与第一课堂相关的教学活动，它源于教材又不限于教材，它无须考试但又是素质教育不可缺少的部分，它生动活泼、丰富多彩，可以在教室、操场，也可以在学校、社会、家庭中开展，学习空间范围非常广[①]。第二课堂活动对形成过程复杂、实践性强、见效慢且难以量化的工匠精神的培育有比较高的适应度。职业院校学生比较乐于参与这类教学活动，因而第二课堂活动成为职业院校对学生进行工匠精神培育的重要载体。

第二课堂活动大多为以学生为主体的实践活动，包括专业技能竞赛、专业知识拓展、创新创业实践及个人素养提升等活动，以扩展学生的专业知识，培养学生学技能、学技术、学做人、学做事的能力，培育学生的工匠精神，促进学生全面、协调发展。金华职业技术大学机电工程学院第二课堂活动主要涉及校内外工作、自主学习、活动参与、技能提升、项目参与和竞赛获奖六个方面的内容，学院制定了第二课堂管理考核标准，如表 8-5 所示。考核采用积分制量化评价，由学院学工办负

---

① 佚名. 第二课堂[EB/OL]. （2021-12-13）[2022-11-28]. https://baike.baidu.com/item/第二课堂/20616836?fr=ge_ala.

责实施，85 分以上为优秀，60～85 分为合格，低于 60 分为不及格，每学期汇总。

表 8-5　金华职业技术大学机电工程学院第二课堂管理考核标准

序号	考核内容	分项	考核标准	备注
1	校内外工作	任职	一类任职优秀 10 分、合格 7 分；二类任职优秀 8 分、合格 6 分；三类任职优秀 5 分、合格 3 分	
2		兼职	坚持与专业学习、能力成长有关的兼职时满 1 个月以上的，3 分/月	
3		勤工俭学	满一学期 10 分	
4		自主创业	创业园项目立项 20 分，自主创业月营业额平均超 3000 元（10 分）、5000 元（15 分）、8000 元（20 分）	按学期计算
5		班主任助理	分 A、B、C、D 四等考核，各等占比分别为 A≤30%、B≤40%、C≤20%、D≤10%，A 等 10 分、B 等 8 分、C 等 5 分、D 等 0 分	
6	自主学习	图书馆利用	进出图书馆次数月平均 8 次以上，5 分；借阅图书册数月平均 2 册以上，5 分	
7	活动参与	院校级活动	院级活动 3 分/次；校级活动 5 分/次	不含社团活动
8		报告讲座	参加报告会、讲座（1 小时内 2 分/场、1 小时以上 2 小时内 3 分/场、2 小时以上 5 分/场）	
9		专业实践	参加大型专业实践活动，如社会实践、科技活动等 5 分/次	人才培养方案以外
10		社团活动	参加社团，5 分/个，但不超过 2 个；参与活跃度（根据各社团期末考核，分 A、B、C、D 四等，各等占比分别为 A≤30%、B≤40%、C≤20%、D≤10%，A 等 10 分、B 等 5 分、C 等 3 分、D 等-10 分）	退出社团不计分
11	技能提升	专升本	参加 20 分，中途退出-20 分	
12		技能培训	参加人才培养计划外的专业、技能系统培训 5 分/项	
13		职业证书	职业资格中级证 5 分/个；高级证书 10 分/个	
14	项目参与	专利	国家发明专利申报 10 分/项、授权 30 分/项；实用新型专利申报 5 分/项、授权 15 分/项；外观专利申报 4 分/项、授权 10 分/项	
15		新苗计划	申报 10 分/项，立项 20 分/项	
16		创新项目	10 分/项	
17		作品发表	在正式媒体或刊物上发表新闻等作品（同一作品不累加）5 分/次	
18	竞赛获奖	学科技能	国家级（一类）一等奖 50 分、二等奖 30 分、三等奖 20 分；省部级一等奖 25 分、二等奖 15 分、三等奖 10 分，参加 5 分；校市级一等奖 8 分、二等奖 5 分、三等奖 3 分，参加 2 分；院级一等奖 4 分、二等奖 3 分、三等奖 2 分，参加 1 分	含挑战杯、职业生涯规划，二类得分减半
19		文体活动	国家级一等奖 40 分、二等奖 25 分、三等奖 15 分；省部级一等奖 15 分、二等奖 10 分、三等奖 8 分，参加 4 分；校市级一等奖 5 分、二等奖 3 分、三等奖 2 分，参加 1 分；院级一等奖 4 分、二等奖 3 分、三等奖 2 分，参加 1 分	

8.2.3 学生管理过程中的工匠精神考核

1. 寝室活动中的学生工匠精神培育活动及其考核标准

寝室是学生在校期间停留时间最长的场所，是在校学生学习、生活、休息的主要地方，因而寝室活动也是学生工匠精神形成、应用与展示的重要载体。寝室活动的工匠精神培育要素注重良好生活习惯养成、劳动意识形成、团队协作培养、规范安全意识强化，通过标准化的考核，对工匠精神的整体培育起着关键的作用。

金华职业技术大学机电工程学院针对学生教室、寝室、实训室的"三室管理"规范中，具体对学生寝室活动制订了量化的考核方案，考核方案分为个人考核和寝室整体考核两类。个人考核主要是针对个人区域整理摆放、值日工作和其他事项进行考核，担任寝室长的还要对内务自检、工作安排、安全防范和其他事项进行考核。个人区域整理摆放按线性定置"五条线"要求（图 8-1）执行。值日工作是针对值日的工作完成度及效果进行考核。其他事项主要是针对在寝室养宠物、私拉乱接或使用大功率电器及无原因夜不归宿等行为进行考核，严重的设立"否决项"，以规范学生的个人行为。

图 8-1　寝室线性定置"五条线"要求示例

寝室整体考核主要包括每周寝室检查和监督寝室成员之间的违规行为。

每学期初，各寝室成员的寝室内务评价基本分均为80分，学期过程中一旦低于60分即为期末内务评价"不合格"。寝室整体考核通过计算全体成员内务考核的平均分得出，每周进行公布。

金华职业技术大学机电工程学院寝室考核标准如表8-6所示。

表8-6 金华职业技术大学机电工程学院寝室考核标准

项目	内容	标准		
		A 等	B 等	C 等
个人区域	被子、床铺、蚊帐	被子叠放整齐，床铺整体整洁，帐帷打开	被子有叠放，帐帷有打开	被子不叠，床铺杂乱，帐帷不打开
	书架	书架上物品摆放整洁、条理，无积尘	书架上物品摆放较整洁、较有条理	书架上物品摆放凌乱，抽屉有杂物烟蒂，架构有积尘
	床底鞋子摆放	鞋子摆放整齐、有序，床底无烟蒂、垃圾	鞋子摆放较整齐、有序，床底无烟蒂、垃圾	鞋子摆放杂乱，床下有烟蒂、垃圾
	箱柜	箱柜摆放整齐，柜子完好整洁	箱柜摆放较整齐，有破损报修	箱柜摆放杂乱不整洁，破损不报修
	洗漱间	洗漱用品摆放整洁，毛巾折叠整齐挂放	洗漱用品摆放在规定区域，毛巾折叠挂放	洗漱用品摆放不整齐，毛巾不折叠挂放
	其他事项			饲养宠物
				私拉乱接或用大功率电器
				窗抛垃圾或物品
				吸烟或在床上给电子产品充电
				无故迟归或攀爬栏杆入室
值日区域	阳台、窗台	阳台洗漱台、水槽、墙面整洁无污垢积尘，气窗、窗台及玻璃干净明亮，无积尘	阳台、窗台干净明亮	阳台洗漱台、水槽、墙面有污垢积尘，气窗、窗台及玻璃不干净，有积尘
	洗漱台	洗漱台、隔板、水槽和墙面整洁无污垢积尘，工具、用品摆放整齐	洗漱台、隔板、水槽和墙面无污垢，工具、用品摆放整齐	洗漱台、隔板、水槽和墙面有污垢积尘，工具、用品摆放不整齐
	地面、墙面	地面干净，无纸屑烟蒂，墙面或天花板无蛛网	地面整洁，无纸屑烟蒂，墙面或天花板无蛛网	地面有异物不整洁，墙面或天花板有蛛网
	卫生间	无异味，便槽、墙面和地面无污渍，卫生用品摆放有序	有异味，便槽、墙面和地面无污渍，卫生用品摆放有序	有异味，便槽、墙面和地面有污渍，无明显清理
	值日清理	做到通风，室内空气清新无异味，室内外垃圾及时清理，工具、用品整理整齐	做到通风，室内空气清新无异味，室内外垃圾筒装或袋装，工具、用品整理整齐	室内空气有异味，室内外垃圾筒装或袋装不清理，工具、用品整理不到位
	其他事项			没有履行当日值日

项目	内容	标准		
		A 等	B 等	C 等
寝室长	内务自检	人离电断，关好门窗，报告迟归或不归人员	人离电断，关好门窗	人离电不断，门窗没关好，不报告迟归或不归人员
	工作安排	值日有安排，门帖、5S 看板张贴完整	值日有安排，门帖、5S 看板张贴比较完整	值日无安排，门帖、5S 看板张贴不完整或有污损
	安全防范	及时上报或处理违规用电、饮酒打牌等事件	上报或处理违规用电、饮酒打牌等事件	知情不报
	其他事项			不传达学校管理通知等
否决项		内容		
	个人	无故不归宿或者留宿他人		
		私自换寝室或者未经审批租房外居		
		组织聚众赌博、打架或者做其他被禁止的事项		
		履职不到位，造成重大安全事故或者财物损失（无明确责任人的集体承担）		
	值日生	不执行值日安排、不履行值日职责 3 次以上		
	寝室长或个人	履职不到位，造成重大安全事故或财物损失，有明确责任人的个人承担，无明确责任人的集体承担		
赋分办法	A：检查内容全部 A 等，最终评价为"A"，1 分/次。 B：检查内容出现 B 等，最终评价为"B"，0 分/次。 C：检查内容出现 C 等，最终评价为"C"，-10 分/次。 D：否决项，-50 分/次，后果严重的个人期末内务评价直接计为 0 分			

2. 学生操行文明素养培育活动及其考核标准

操行文明素养是指职业院校学生在课堂、实训室、校外实习场所、社会公共场所、校园及集体活动中表现出来的纪律操守、言谈举止、安全意识和公德意识。操行文明素养其实也包含爱岗敬业、精益求精、求实创新等工匠精神要素，因而它也是工匠精神培育活动的重要构成模块。

操行文明素养具有覆盖面广和不易量化的特点，重在平时的教育引导与自我修炼。在对蕴含工匠精神培育的活动进行考核时，往往要设置一些可量化的标准，以便进行"显性化"处理。金华职业技术大学机电工程学院对操行文明素养的考核进行了这样的处理：该院将学生的操行文明素养分为文明行为、职业礼仪、文明守纪、文明守信和文明安全五个方面的内容，对于其中的"不良行为"进行扣分惩罚，每次扣分 1～50 分不等；对于其中的"优秀行为"进行加分鼓励，每次加分 5～30 分不等；对严重不端行为设置了"否决项"，一旦学生在文明操行中触犯相关项目的规定，操行文明素养考核直接不合格。每名学生的初始分均为 80 分，合格分为 60 分，以学期为考核周期累计加减分。具体评价标准如表 8-7 所示。

表 8-7 金华职业技术大学机电工程学院学生操行文明素养评价标准

	现象	扣分
文明行为	在不允许吸烟的场所吸烟的	5 分/次
	有乱丢、乱吐等行为的	
	不听规劝或乱停车辆的	
	带食物进教学场所或饮品瓶（袋）不带离的	
	有踏踩草坪、折摘花木或踢墙、门等不良行为的	
	损坏公、私物品，除赔偿外视损失情况扣分	100 元及以下，2 分；100～500 元，5 分；500～1000 元，10 分；1000～5000 元，15 分；5000～10 000 元，20 分；10 000 元以上，50 分
职业礼仪	进实训室不按规范着装或穿拖鞋、背心进教室或其他穿着不得体的	5 分/次
	发型怪异或暴露文身的	
	衣装不洁（或有异味）或化不得体浓妆的	
	在公共场所大声喧哗、取闹、争吵的	
	用不文明语言（粗口）侮辱师生或恐吓师生的	侮辱师生，2 分/次；恐吓师生，5 分/次
	在食堂、车站插队或不排队的	2 分/次
	不服从管理、检查或其他有违礼仪规范的	5 分/次
文明守纪	请假（因教学活动冲突，请公假等除外）	病假，1 分/次；事假，2 分/次
	未办理请假或报备手续、私自外出（含回家）的	5 分/次
	上课迟到、早退或玩手机、玩游戏、睡觉等违反课堂纪律的	
	聚众或参与打架、赌博、传销等活动未造成严重后果的	10 分/次
	违反信息保密纪律，泄露信息未造成严重后果的	5 分/次
	旷课	10 分/次
	违反校规校纪被处分的	通报批评，10 分/次；警告处分，20 分/次
文明守信	抄袭作业或实习实训报告（含其他教学作品）的	10 分/次
	散布或发布不实言论，通过微信、QQ、博客等形成谣言的	20 分/次
	未经他人同意使用或盗窃他人钱物的	100 元及以下，10 分/次；100～500 元，20 分/次；500～1000 元，30 分/次；1000 元以上，50 分/次
	无故拖欠学费、欠债不还的	500 元及以下，10 分/次；500～3000 元，20 分/次；3000 元以上，50 分/次
	虚假请假或用不实信息骗取奖学金、助学金及其他荣誉的	10 分/次
	捏造事实或用恶毒语言进行人身攻击或诬陷他人的	20 分/次

续表

现象		扣分
文明安全	违反安全操作规程或不执行 5S 规范的	5 分/次
	不遵守交通规则、在校园内骑车、开车速度过快、穿轮滑鞋及两轮电助力车影响行人和造成事故的	2～20 分/次
	攀爬门窗、围墙进出校园、宿舍的	10 分/次
	外出酗酒、私自组织校内外活动、进出不适宜的娱乐场所的	
	使用明火引起着火或引起恐慌的	
	其他违反安全规定的	2～20 分
加分项	拾金不昧的	院级通报表扬的加 5 分/次；校级通报表扬的加 10 分/次；校外及以上的加 20 分/次
	见义勇为的	院级通报表扬的加 10 分/次；校级通报表扬的加 20 分/次；校外及以上的加 30 分/次
	协助教师、帮助同学及其他乐于助人的	院级通报表扬的加 5 分/次；校级通报表扬的加 10 分/次；校外及以上的加 20 分/次
	主动维护课堂纪律、卫生及设备清洁和安全的	院级通报表扬的加 5 分/次；校级通报表扬的加 10 分/次
否决项	造成火灾或人身重大安全事故的	
	损坏公物或私人物品损失值 10 000 元以上的	
	给国家安全稳定造成影响或泄露国家秘密的	
	违法违规违纪涉嫌犯罪或行政拘留的	
	其他破坏校园和社会稳定造成不良影响或后果的	

注：未注明的不文明操行情况按相近标准扣 2～20 分。

3. 志愿服务活动中的学生工匠精神培育活动及其考核标准

志愿服务活动是指自愿且不计报酬地参与社会生活，对有需求的群体给予无私帮助，以促进社会进步和推动人类精神文明发展的一系列活动[①]。志愿服务活动不仅对帮助他人渡过难关和推动社会进步具有积极意义，还对参与者的职业素养（如工匠精神等）具有重要的塑造作用。因此，各级各类学校常将志愿服务活动作为人才培养的重要实践环节。

在金华职业技术大学机电工程学院，志愿服务活动一般由学院或学校团委统一安排，通过网络平台公布，由学生本人申请认领，由青年志愿者大队直接派出。由学生班级或者志同道合者集体组织或个人申请同一事项后形成的小组志愿服务活动，须在活动进行前三个工作日内，将"志愿服务申请表"上交至学院青年志愿者

---

① 丁元竹，江汛清. 志愿活动研究：类型、评价与管理[M]. 天津：天津人民出版社，2001：389.

大队，由学院青年志愿者大队批准活动申请后，该活动方可进行，未经批准的任何活动均不能进行志愿服务时间认定。完成志愿服务后，按照流程填写"认证表"完成志愿服务时间添加。志愿者活动考核中设置"加分项"和"扣分项"，根据志愿服务时长和得到社会表扬或媒体报道的情况给予1～5分不等的加分鼓励，对于有不良表现的，给予2～5分的扣分处罚，严重的该学期志愿服务成绩计0分，甚至直接取消其志愿者资格。具体考核标准如表8-8所示。学院规定，每个学生每个学期的志愿服务活动的有效时长需要达到12小时，不足则为"不合格"。

表8-8　金华职业技术大学机电工程学院志愿服务考核标准

项目	考核标准
加分项	按照学期志愿服务时间进行加分，从20小时开始，每超过10小时，加1分
	在志愿服务中做出贡献，得到社会表扬或在市级以上媒体报道为学院或学校赢得荣誉的，校级（社区）表扬2分，市级3分，省级及以上5分
扣分项	无不正当理由不服从志愿服务组织工作安排，或态度不端正，且不接受批评的，一次扣3分
	不遵守纪律，给志愿服务造成不良影响或发生安全事故的，一次扣3分；情节严重的一票否决
	利用青年志愿者的名义从事营利性或非法活动，一次扣5分，严重者直接取消志愿者资格
	在志愿服务过程中，损坏活动物品者，一次扣2分；有丢失物件者，能重新找回或自己补垫的，则不予以追究

金华职业技术大学机电工程学院精益求精的工匠精神考核体系

1. 以课程为载体实施职业素养养成，将素养考核纳入学业评价

金华职业技术大学机电工程学院学生精益求精的工匠精神考核以"劳作素养"课程为载体，纳入学分制考核。"劳作素养"课程是一门系统化培养职业素养的专业基础课程，是该院所有学生的必修课程。该课程结合精益管理理念，培养学生精益求精的工匠精神，对学生进行系统教育，使其全面实践、积累提升，以习惯养成为主体，通过潜移默化的熏陶内化提升学生的学习能力、沟通能力、组织能力、执行能力和创造能力，使这些能力成为学生日常学习、工作和生活中的自觉行为。该课程在第一学期到第五学期开设，贯穿学生在校学习的五个学期，总学时为40学时，每学期0.5学分，在每学期末进行汇总评价，分值在60分及以上为合格，否则为不合格。

2. 设置科学考核模块与考核内容，推行全员全过程考核

"劳作素养"课程考核分为"精益管理"知识讲授、各课程素养评价（含实践环节）、寝室活动、第二课堂活动、操行文明素养、志愿服务活动六个模块，分别对这六个模块的学习情况进行考核。计分方式有百分制、扣分制和加分制三种，百分制通过比例折算计入总分，扣分制扣完规定比例分值为止，加分制则最多可以加 10 分。各模块设置有"否决项"，违反"否决项"的学生，该模块计为 0 分。六个模块分别由"劳作素养"课程任课教师及相关部门教师，各课程任课教师，学院学工办相关教师，学院各专业、团委相关教师，学院学工办、团委相关教师，以及学院团委相关教师完成评价，由学院教科办最终完成统分，计为"劳作素养"课程成绩，并作为学生毕业资格获取、评优评先的依据。如果每学期学生"劳作素养"课程成绩低于 60 分，则该项考核成绩为"不及格"，必须进行补考，补考具体要求为从事志愿者服务 12 小时。由学院团委考核参加补考学生的志愿服务时长及服务表现，认定合格后报学院教科办，办理课程补考合格手续。"劳作素养"课程考核模块具体考核内容如表 8-9 所示。

表 8-9　"劳作素养"课程考核模块具体考核内容

序号	考核模块	所占比例/%	考核内容	计分方式	考核实施者
1	"精益管理"知识讲授	10	精益生产管理相关知识，正确的劳动价值观和良好的劳动品质	百分制	任课教师及相关部门教师
2	各课程素养评价（含实践环节）	30	操作的规范性、严谨性、安全性、环保性，课堂纪律，出勤率，团队协作	扣分制	各课程任课教师
3	寝室活动	15	寝室 5S 评价、就寝纪律、团队协作	扣分制	学院学工办相关教师
4	第二课堂活动	15	竞赛性活动、活动组织、活动成果、自主学习	百分制	学院各专业、团委相关教师
5	操行文明素养	15	文明行为、文明礼仪、文明守纪、文明守信、文明安全	扣分制	学院学工办、团委相关教师
6	志愿服务活动	15	学生从事志愿服务的时长与表现	加分制	学院团委相关教师

3. 开发素养考核 App，采用数字化平台破解考核难点

"劳作素养"课程考核模块较多，覆盖了学生学习、实践、生活的方方面面，考核评价者涉及教师、辅导员、实验员、管理人员、校外指导教师等人员。每名在校生每学期都需评定成绩，考核数据量较大，考核统计存在难度。因此，机电工程学院针对素养过程管理和各模块考核内容，制定量化考核细则与标准，开发了素养考核 App，按学期

实施信息化考核，考核结果纳入学业成绩。App功能分考核模块设置，涉及学生参与线上视频学习、视频直播课、做题、二维码与定位考勤、提交作业、分值计算、提交志愿汇截图等方面，具体包括"志愿服务活动""寝室管理""在线学习""课堂考勤""实训室管理"等模块。同时，App与学校教务管理系统进行数据对接，学生课堂考勤记录可直接导入考核系统。

　　例如，在"志愿服务活动"模块中，要求每名学生每个学期参加不少于12小时的志愿服务活动，时间不够的就不合格。学生在规定的地点参加志愿服务活动并在规定的地域范围内签到，志愿服务完成后，在规定的时间和地域范围内签退，系统将自动记录志愿服务时长。学院青年志愿者大队根据App中的志愿服务时长及其他学院认可的志愿服务时间记录对学生的志愿服务活动进行考核。

　　在"寝室管理"模块中，涉及寝室卫生、寝室评比等内容。考核者可直接通过素养考核App进行考核，学生也可通过App查询分数。具体操作如下。

　　手机QQ关注金华职业技术大学公众号，点击"寝室卫生"选项进入页面。该页面主要设置了三个模块，分别是"我的主页""星级评比""最美寝室"（图8-2）。

图8-2　素养考核App页面

　　（1）在"我的主页"页面，学生、寝室管理干部和教师都可以使用账号和密码登录，不同人员有不同的权限。在"我的主页"页面，学生可以查看自己的分数；学生干部可以选择寝室进行检查，通过勾选"滤选"模式，可以直接跳过已检查的寝室。

寝室管理干部在选择某一寝室进行检查时，点击"新增"选项便可进行打分，有个人、值日生及寝室长三个类别的打分对象，每类对象的分数又可以分为 A、B、C、D 四个等级。其中，对于获得 A、C、D 三个等级分数的寝室，要求上传现场拍摄的寝室相关照片。

（2）在"星级评比"页面，对已打分的寝室按照分数从高到低的顺序进行排序。

（3）在"最美寝室"页面，系统会自动选出寝室管理在进行检查时为评为 A 等的寝室现场所拍摄的照片，供学生观看、学习。

学院学工办有关教师可以从学生 5S 管理系统后台进入，进行数据查看与导出。根据导出的数据可以方便、快速地对各寝室进行得分查询、排序。教师根据寝室个人内务平均分对各寝室进行排名后，取学院寝室总数的前 20% 评为"星级寝室"，并根据排名先后划分为"五星级寝室""四星级寝室""三星级寝室"上报。另外，学院每个月会以班级为单位计算个人内务考核平均分，并进行班级排名，对后 20% 的班级下发整改通知；对于整改态度恶劣的寝室，取消当事学生该学年的入党推优、评优、评奖资格，对于违反学校纪律的，将给予纪律处分。

4. 以精益思想为先导，考评奖惩结合促进素养养成

精益思想（lean thinking）源于 20 世纪 80 年代日本丰田发明的精益生产（lean production）方式，后来美国的生产专家对其进行了总结升华和系统化发展，使其超越汽车领域，成为一种适用于整个制造业领域的科学的管理思想和方法[①]。精益思想的核心是消除浪费，以较少的人力、较少的设备、较短的时间和较小的场地创造出尽可能多的价值，同时也越来越接近用户，提供他们确实需要的东西[②]。基于精益思想的精益管理是通过重建管理机制，将精益生产工具和方法与管理过程结合，经过标准化和持续改善，追求更优的管理结果的一套方法论；它通过制定推动策略和步骤，搭建全员参与平台来引导全体员工利用精益思想和精益工具消除浪费，推动整个企业持续地在点、线、面、体四个维度，从一线、基层管理、中层管理、高层管理四个层面，有条理、有顺序、有目标地进行改进和标准化的管理革新活动，旨在应对外部动态的竞争环境并建立长久的竞争优势。[③]

① 郑秀勇. 精益思想应用的研究[D]. 北京：首都经济贸易大学，2009：5-7.

② 佚名. 精益思想[EB/OL].（2022-07-16）[2022-12-25]. https://baike.baidu.com/item/%E7%B2%BE%E7%9B%8A%E6%80%9D%E6%83%B3/5265914?fr=aladdin.

③ 牛占文，杨福东. 精益管理的理论方法、体系及实践研究[M]. 北京：科学出版社，2019：4.

　　精益思想和精益管理的理念及方法与机电工程学院的人才素养培育的相关性强。学院借助相关理论，在工匠精神养成考核体系中专门设置了"精益管理"知识讲授课程，使学生掌握现代制造企业精益管理理念、知识和方法，并能利用精益管理工具对工作场所和作业流程进行改善，形成精益思想，培养他们遵守规范的职业品质及精益求精的工匠精神。在工匠精神培育活动中，学院利用精益思想和精益工具实施认知、实践、强化的"三段衔接"及教室、寝室、实训室的"三室管理"，对学生的工匠精神培育活动进行引导与考核，不断完善培育活动，增强培育活动的效果。各考核者根据实际情况，运用精益思想和精益管理手段，选用合适的精益工具实施学生素养的考核评价。

　　机电工程学院精益求精的工匠精神考核体系自 2014 年开始运用，通过多年的优化完善，形成了较为系统并可借鉴推广的素养养成与考核模式。崇尚精益、执行精益已在全体师生中形成共识和氛围。同时，精益求精也成为学院文化和学院精神。

索　引